조경식물 시리즈 2

조경화초

최상범 지음

기 문 당

머리말

우리나라는 60년대까지만 해도 농경문화 사회였으며 농촌주택이 일반적이었다. 이 때만 해도 울 밑에는 봉선화와 백일초가 심겨지고 우물가에는 백합꽃이 만발하여 그 향내가 코를 자극하기도 하였다. 70년대에 들어서면서부터 산업화로 인해 도시화 현상으로 농촌주택은 줄어들고 집합주택이 늘어나자 마당이 없어지면서 자연히 꽃밭마저 사라져 버렸다. 집집마다 볼 수 있었던 화초는 이제는 공원에 가서야 겨우 볼 수가 있게 되었다.

봄이 오고 땅이 녹으면 지난해 가을에 받아두었던 화초씨 봉지를 꺼내어 꽃밭을 일구고 꽃씨를 뿌려 물을 주고, 파아란 새싹이 돋아나면서 무럭무럭 자라서 꽃이 피는 것을 보는 것이 이제와서는 흔치 않게 되었다.

60년대초 내가 다녔던 서울시립대학 캠퍼스에는 커다란 정형식 화단이 있었는데 여기에는 많은 종류의 화초들이 제각기 뽐내고 향기를 뿜어 대었다. 화초마다 붙어 있는 그 어려운 영어로 된 이름과 학명을 외우느라고 고생하던 시절이 새삼스럽다. 대학에서 조경학과 교수로서 화초학을 강의하면서 무척 어려웠던 점은 우리나라에서 화초에 관한 좋은 서적을 구하기가 너무 어렵다는 것이다. 외국문헌을 찾아내서 강의 자료를 만들어야만 했고, 더욱이 중요한 것은 캠퍼스에 화초가 없으니 보고 가르칠 자료가 없어서 슬라이드 필름을 이용할 수밖에 없는 형편이었다. 이러한 학습자료 부재에 대한 문제를 인식하여, 원예학이나 조경학을 공부하는 사람뿐만 아니라 화초를 사랑하는 사람은 누구든지 이용할 수 있도록 쉽게 엮어 보았다. 흔히 볼 수 있는 화초뿐만 아니라 외국에서는 널리 알려져 있거나 우리나라에는 아직 도입되지 않은 것도 소개하였으며 우리나라에서 자생하고 있는 야생화 중에서도 화단식물로 이용 가능하다고 본 것들도 찾아서 수록하였다.

꽃을 사랑하는 국민들에게 이 책이 크게 도움이 되어 준다면 감사할 따름이다. 이 책의 워드작업을 하느라 애쓴 동국대 조경학과 배지희·이화경 선생, 자료와 사진을 정리해준 하재호 강사에게 고마움을 표하며 이 책의 출판을 허락해주신 기문당 강해작 사장님께 감사드린다.

경주 금오산 밑에서

최 상 범

차 례

contents

서 론

이 책은 화초에 관한 책이다. 삼국사기나 동사강목에 고구려, 신라, 백제, 고려에서 모두 못을 파고 기이한 화초를 심었다는 구절이 나온다. 특히 고려 궁궐에서는 각처에서 화초를 수집하고도 모자라 내탕금을 내어서 중국에서 진귀한 화초를 수입하여 심었다는 기록도 있다.

우리 민족은 옛부터 꽃을 사랑하는 민족이었다. 시골집 울 밑이나 마당가이건 사대부집 후원이건 꽃들이 심겨졌다. 못이라면 으레 연꽃을 심었다. 조선조에 들어와서는 송 나라 주돈의의 "애련설" 에 영향을 받아 못을 파고 연을 심는 것이 사대부집 정원에서는 널리 유행한 적도 있었다. 조선 초기 강희안은 양화소록을 편찬해 꽃에 관한 풍부한 지식을 보급하기도 하였다.

원예는 과수원예, 채소원예, 화훼원예, 조경원예, 원예가공의 5분야로 나누어진다. 과수원예와 채소원예는 식품을 다루는 식용원예이고 화훼원예와 조경원예는 관상원예에 속한다. 화훼원예는 크게 절화(切花), 화분식물, 종묘생산 등을 다루고 그 밖에 꽃장식, 꽃꽂이 등이 이에 속하며 조경원예는 조경수목과 조경화초가 포함된다. 조경수목은 조경에서 수목의 기능적, 미학적 이용을 다루며 조경화초는 우리의 옥외환경을 초본 식물인 화초를 이용하며 미학적으로 개선하려는 데 목적을 두고 있다. 화초는 한해살이 화초, 여러해살이 화초, 그리고 알뿌리 화초로 나누어진다.

이 책의 내용으로는 1장 서론, 2장 조경화초 개론에서는 화초의 자생지, 꽃의 형태, 내한성, 토양, 화단관리, 해충과 질병방제, 꽃밭, 학명 등을 설명하였고, 3장에서는 한해살이 화초, 4장에서는 여러해살이 화초, 5장에서는 알뿌리 화초들을 하나하나 소개하였다. 또한 3, 4, 5장의 화초들의 이름, 학명, 발음기호, 영명, 과 이름, 크기, 형태(잎, 꽃), 자생지, 재배(적지, 이식, 병충해, 번식), 학명(속명, 종명의 어원), 재배변종 그 밖의 종 등의 순서로 기술하였다.

꽃 탑

꽃장식

화 단

화 단

화 단

창가 꽃상자(사피니아, 페투니아)

화분(한련)

경재화단

꽃바구니걸이

I

조경 화초

자생지

화초의 자생지는 그 식물 생육에 가장 적합한 환경이 된다. 자생지의 환경을 이해함으로써 화초 재배의 기초지식을 얻을 수 있다. 적합한 환경이란 온도, 햇빛, 강우량, 토양 등이 식물 생육에 미치는 주요 요인이 된다. 이러한 환경요인은 기후요인과 토지요인으로 나누어 볼 수 있다.

1) 기후 구분

기후 구분은 학자에 따라 각기 다양한 논의가 있다.

(1) 코펜(Köppen)의 기후 구분

① 열대기후 : 월평균 기온 17℃ 이상, 눈이 내리지 않고 강우량이 연중 증산량을 초과함.
② 건조기후 : 증산량이 연중 강우량을 초과함.
③ 난대기후 : 가장 추운 달 평균 17.5℃ 이하~4℃ 이상, 가장 더운 달 평균 10℃ 이하.
④ 눈기후 : 가장 추운 달 평균 -4℃ 이하, 가장 더운 달 평균 10℃ 이상.
⑤ 얼음기후 : 가장 더운 달의 평균기온 10℃ 이하.

(2) 밀러(Miller)의 기후 구분

① 지중해 기후형 : 연간 강수량 850~900mm, 여름철 기온이 20~25℃로서 건조하며 겨울철은 8~11℃로 습하고 비교적 따뜻하다(지중해, 남아프리카, 북아메리카의 캘리포니아, 오스트레일리아 서남부, 칠레 중부).
② 대륙성 서해안 기후형 : 기온의 차가 적고 강수량도 적으며 겨울 추위가 심하지 않다. 그러나 내륙쪽으로는 기온의 차가 있고 추워진다(유럽의 서해안, 북아메리카의 서북부, 남미 서남부, 뉴질랜드 남부).
③ 대륙 동해안 기후형 : 여름과 겨울의 온도차가 크고 여름철의 강우량이 많다(한국의 남해안, 일본의 서남부, 중국의 양자강 이남, 북아메리카의 동남부, 브라질의 남부, 오스트레일리아의 동남부).
④ 열대고지 기후형 : 산지기후로 열대 및 아열대의 고산지대로 온도의 차가 적고 연중 14~17℃의 온도가 지속되며, 강우량이 연중 평균적으로 여름에 집중되는 곳이 있다.
⑤ 열대기후형 : 연중 온도차가 거의 없고 적도에서 멀어질수록 온도차가 생긴다. 이 지역식물은 실내 조경식물로만 이용된다.
⑥ 사막기후형 : 거의 불모지로서 아라비아, 아프리카의 북부, 호주 중부, 멕시코 동부, 남아프리카의 중서부 등의 사막지대가 포함된다.

⑦ 북지 기후형 : 알래스카, 시베리아, 스칸디나비아 등지의 한대와 온대의 고산지대가 포함된다.

2) 지리 분포

화초의 지리적 분포는 다음과 같다.

(1) 아시아

① 중국 : 맨드라미, 봉선화, 나팔꽃, 목화, 접시꽃, 아네모네, 옥잠화
② 인도 : 색비름, 줄맨드라미, 천일홍, 일일초, 카카리아, 여주
③ 베트남 : 토레니아
④ 한국 : 과꽃, 솔체꽃, 동자꽃, 복수초, 꿩의 바람꽃, 할미꽃, 기린초, 초롱꽃, 향유, 패랭이꽃, 도라지, 매발톱꽃, 촛대승마, 금낭화, 앵초, 천남성, 창포, 은방울꽃, 원추리, 비비추, 범부채, 참나리, 상사화, 얼레지, 삿갓나물, 족두리풀, 노루귀

(2) 유럽

스타티스, 금어초, 양귀비, 데이지, 튤립, 금잔화, 꽃양배추, 아리섬, 스카비오사, 물망초

(3) 아프리카

악토티스, 아프리카 데이지, 아주까리, 누홍초, 가자니아, 로벨리아, 아가판더스, 글라디올러스, 리나리아

(4) 북아메리카

코레옵시스, 기일리디아, 해바라기, 아퀼레지아, 루피너스, 아메리카 부용, 리아트리스, 루드베키아, 키다리 국화, 꽃잔디, 숙근프록스, 피소트테지아, 자주달개비

(5) 중앙아메리카

아게라텀, 코스모스, 노랑 코스모스, 마리골드, 티토니아, 백일초, 분꽃, 칸나, 다알리아

(6) 남아메리카

크레오메, 누홍초, 살비아, 미모사, 채송화, 비베나, 풍선덩굴, 한련, 페투니아, 꽃담배

(7) 오스트레일리아 : 밀집꽃

스타티스 금어초 라벤더
양귀비 데이지 튤립
꽃양배추 금잔화
알리섬 스카비오사
물망초
석죽
과꽃
술체꽃
동자꽃
복수초
꿩의 바람꽃
할미꽃
기린초
초롱꽃
향유
패랭이꽃
도라지
매발톱꽃
촛대승마
금낭화
앵초
천남성
창포
은방울꽃
원추리
비비추
범부채
참나리
상사화
얼레지
토레니아
뉴기니아 봉선화
밀집꽃
코레옵시스
가일라디아
해바리기
아퀼레지아
루피너스
아메리카부용
라아트리스
루드베키아
키다리국화
꽃잔디
숙근프록스
피스트테지아
자주달개비
아제라텀
코스모스
노랑코스모스
마리골드
티토니아
백일초
분꽃
칸나
다알리아
클레오메
누홍초
실비아
미모사
채송화
버베나
풍선덩굴
한련
페투니어
꽃담배
악토티스
금어초
디몰훠데카
아주까리
누홍초
가자니아
로벨리아
아가판더스
글라디올러스
리나리아
색비름
줄맨드라미
천일홍
일일초
카카리아
여주
맨드라미
봉선화
나팔꽃
목화
접시꽃
아네모네
옥잠화

화초 자생지

화초의 형태

식물체의 기관은 뿌리, 줄기 잎을 영양기관이라 하고 꽃, 씨, 열매를 생식기관이라고 한다.

1) 뿌리

식물의 뿌리는 크게 수염뿌리(fibrous root)와 곧은 뿌리(tap root)로 나뉜다. 수염뿌리는 외떡잎식물의 뿌리로서 원뿌리와 곁뿌리가 명확치 않고 같은 크기로 많이 나온다. 또한 관목의 뿌리도 마찬가지이다.

곧은 뿌리는 원뿌리와 곁뿌리가 명확히 구분되며 쌍떡잎식물이 여기에 해당된다. 또한 교목의 뿌리도 이와 같다. 원뿌리와 곁뿌리는 주로 식물체의 지상부가 넘어 가지 않게 지탱하는 일을 한다. 실뿌리에서는 주로 수분과 영양분을 섭취하는 중요한 기능을 한다. 원뿌리와 곁뿌리, 실뿌리 등을 모두 합쳐 뿌리계(root system)라고 한다. 씨앗이 싹 틀 때, 뿌리가 먼저 나오면서 땅속으로 뻗으며 뿌리계가 발달하여 식물체를 지탱하고 영양분을 섭취하여 지상부에 있는 줄기와 잎의 생장을 돕는다.

2) 줄기

줄기에는 뿌리에서 흡수한 수분을 잎과 꽃 등 온몸에 전달하는 관다발이 구성되어 있었고 길이자람을 하며 크게 자란다. 줄기는 보통 곧게 서지만 어떤 것은 덩굴인 것, 기는 것, 또는 변형되어서 땅속줄기로 된 것도 있다. 줄기에서는 잎을 내거나 가지를 치며 줄기와 잎과의 사이를 겨드랑이라고 하며, 여기서 꽃이 피는 것을 액생(腋生) 또는 겨드랑이에서 나온다라고 말한다. 줄기에서 가지가 나오는 곳을 마디라고 부르며 마디와 마디 사이를 마디사이(절간)라고 한다.

3) 잎

잎은 잎몸, 잎자루, 턱잎의 세 부분으로 이루어지며 이 세 가지가 모두 있는 것을 갖춘 잎(완전엽)이라 하는데 이들 중 하나라도 없을 경우 안 갖춘 잎(불완전엽)이라고 한다. 턱잎은 잎이 피어나기 전에 어린 싹을 보호하며 잎자루는 햇빛을 잘 받을수록 잎몸의 방향을 움직이는 기능을 한다. 잎몸의 앞쪽은 울타리 조직이 발달해 있고 여기에는 잎파랑치가 많이서 광합성 작용을 하며 뒤쪽은 갯솜조직의 세포가 엉성하여 공기를 지니고 있으며 여기에 기공이 있어서 공기의 교환이 이루어진다. 잎 앞뒤 표면에는 한 층의 세포가 변형되어서 만들어진 얇은 표피세포로 덮여서 보호기능을 하며 어떤 것은 큐틴질이 있어서 큐티쿨라(Cuticula)층을 이루어 윤기가 있고 두껍다. 잎의 두꺼운 것을 가죽질(혁질)이라고 하며, 잎의 잎몸이 하나로 된 것을 홑잎(단엽 ; simple leaf), 여러 개로 된 것을 겹잎(복엽 ; compound leaf)이라고 한다. 잎이 줄기에 붙어 있는 순서를 잎차례라고 한다. 잎이 줄기의 마디에서 양쪽으로 나는 것을 마주나기, 2개 이상 나는 것을 돌려나기, 줄기에서 어긋나는 것을 어긋나기라 한다. 어긋나는 것은 1/2, 3/5 등 각도가 다양하다.

4) 꽃

화초에서 관건은 꽃이다. 꽃은 빛깔이 다양하고 화려하며 모양이 아름답고 향기가 있다. 이러한 매력으로 사랑을 받게 되고 가꾸게 되는 것이다.

(1) 꽃의 형태

꽃의 구성은 꽃받침, 꽃잎, 수술, 암술 등의 네 부분으로 되어 있다. 꽃받침과 꽃잎을 보호기관 또는 보조기관이라고 하며 암술과 수술을 생식기관 또는 긴요기관이라고 한다. 꽃받침은 꽃받침 조각들로 구성되어 있으며 보통 초록빛을 띤다. 꽃잎은 화려한 빛깔을 지니고 있으며 갈래꽃과 통꽃으로 구분된다. 꽃잎과 꽃받침을 화피(花被)라고 하며 꽃잎 모두를 통틀어서 화관(花冠)이라고 한다. 암술은 암술머리, 암술대, 씨방으로 이루어진다. 암술머리는 뭉툭하거나 굵거나 갈라지는 등 다양하며 진액이 있어서 꽃가루를 붙잡는 기능을 한다. 암술대는 관으로 되어 있어서 꽃가루가 씨방으로 전달되는 통로가 된다. 통통한 모양의 씨방에는 난세포가 들어 있다. 꽃가루가 암술머리에 묻게 되는 것을 가루받이(pollination, 수분)라고 하며 난세포와 꽃가루가 결합하는 것을 정받이(fertilization, 수정)라고 한다.

(2) 꽃차례

꽃이 줄기에 붙어 있는 순서를 꽃차례라고 한다. 꽃줄기에서 아래에서 위로, 가운데에서 바깥쪽으로 피어나가는 것을 무한화서(無限花序)라 하고 반대인 것을 유한화서(有限花序)라고 한다. 꽃차례에는 다음과 같은 유형이 있다.

① 단정화서(單頂花序) : 꽃줄기 끝에 단 한 송이만 꽃이 핀다(예 : 튤립·수선화·알리움).

② 두상화서(頭狀花序) : 줄기 끝의 넓고 납작한 화반 가장자리에는 설상화(舌狀花) 가 피고, 그 안쪽에는 관상화(管狀花)가 많이 핀다(예 : 국화·코스모스·과꽃).

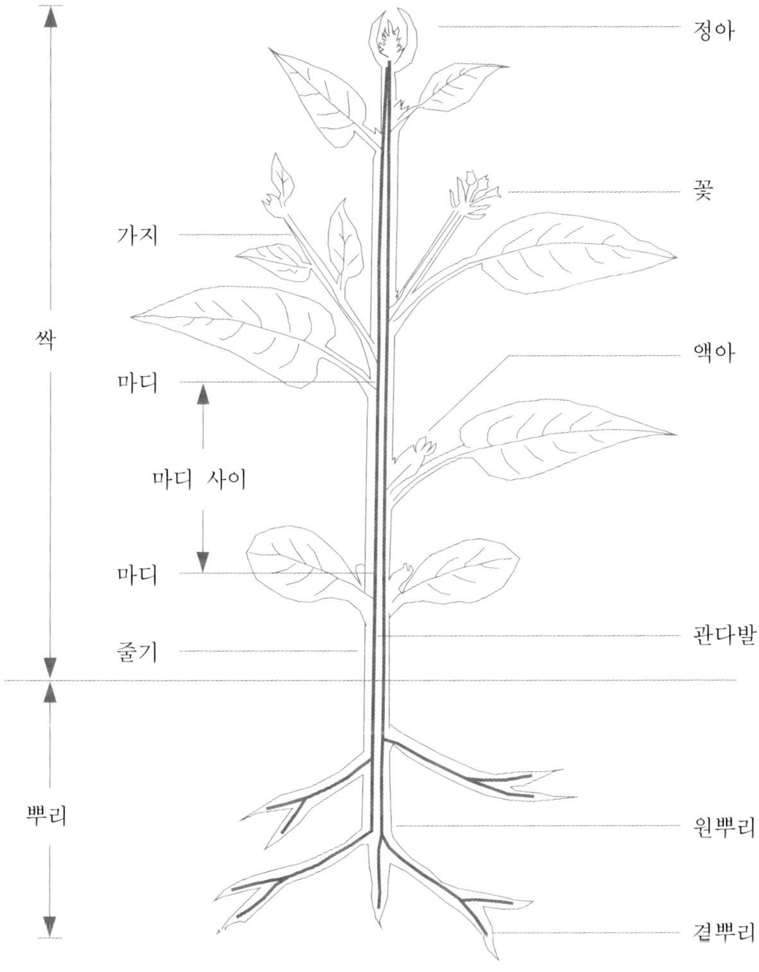

화초의 구조

③ 미상화서(尾狀花序) : 긴 꽃줄기에 꽃자루가 없는 작은 꽃들이 많이 달려서 늘어지며 꼬리모양을 이룬다(예 : 줄맨드라미)
④ 산형화서(傘形花序) : 꽃줄기에서 나온 작은 꽃자루의 길이가 모두 같은 곳에서 꽃들이 달린다(예 : 앵초, 원추리).
⑤ 산방화서(繖房花序) : 꽃줄기에서 제일 먼저 나온 꽃자루가 길고 다음 것들이 점차 작아져서 꽃송이가 평면을 이룬다(예 : 아제라텀).
⑥ 수상화서(穗狀花序) : 긴 꽃줄기에 꽃자루가 없는 꽃이 달린다(예 : 맥문동, 금어초, 살비아, 글라디올러스).
⑦ 총상화서(總狀花序) : 긴 꽃줄기에 작은 꽃자루가 있는 꽃들이 달리며 제일 먼저 핀 아래쪽 꽃의 작은 꽃자루가 길고 위쪽에는 점차 작아진다(예 : 클레오메, 디지털이스, 스위트 피).
⑧ 취산화서(聚繖花序) : 줄기의 끝부분에 꽃이 형성되면 생장이 정지되고, 그 주변에 새로운 꽃자루가 신장하며 꽃이 달린다(예 : 시레네, 분꽃).
⑨ 원추화서(圓錐花序) : 꽃줄기가 가늘고 길며 여기에 총상화서가 달린다(예 : 스키잔더스, 안개초, 아주까리).
⑩ 육수화서(肉穗花序) : 수상화서의 일종이나 비후한 육질의 꽃줄기에 꽃자루가 없는 작은 꽃들이 밀생하여 불염포에 싸여 있다(예 : 천남성).

내한성

내한성은 일정한 지역의 일반적인 온도와 기후에서 성공적으로 생장할 수 있는 식물의 능력을 말한다. 화초 중에서도 한해살이 외에 여러해살이화초는 겨울철을 노지(露地)화단에서 지내거나 지역의 위도, 고도 등에 따라서 월동하게 되거나 얼어죽게 된다.

화초의 내한성은 어느 지역에서 여러해살이 화초와 알뿌리 화초가 얼어죽지 않고 살아갈 수 있는가를 1월달의 평균기온의 등온선에 따라 그림과 같이 구분하며 내한성대를 작성하였다.

토 양

농사를 짓거나 화초를 심을 때도 마찬가지로 토양에 관한 지식은 필수적이다. 양토인지 부식토인지 무기물 함량이 어떤지 쉽게 알 수 있는 것은 아니다. 일반적으로 식물이 잘 자랄 수 있는 토양은 그 함량비율이 무기물 45%, 유기물 5%, 토양수분 25%, 토양공기 25%이다.

내한성대 지도(Plant Hardiness Zones Map)

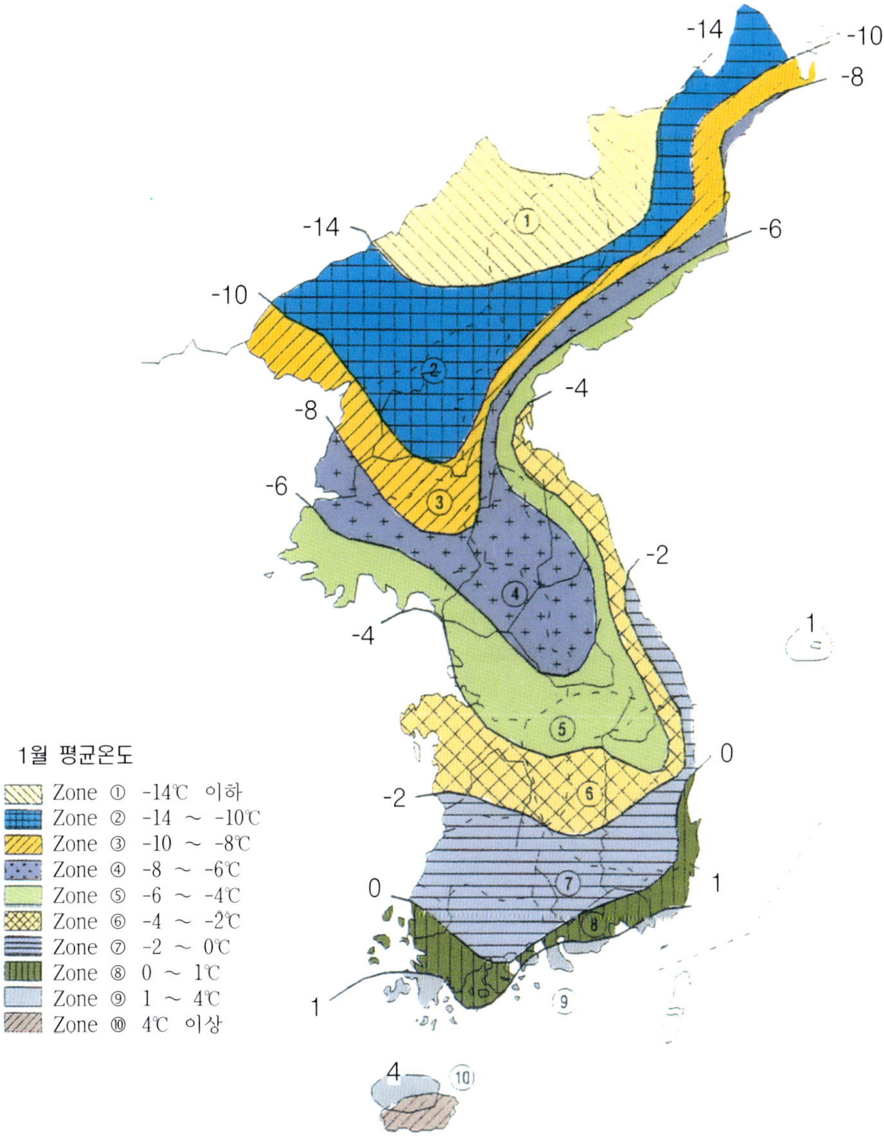

1) 경운(耕耘)

화초 심을 땅을 갈아 엎는 것을 경운이라고 한다. 적어도 30cm 깊이로 파서 겉의 흙이 밑으로 들어가고 밑의 흙이 위로 올라오게 한다. 경운으로 인한 효과는 다음과 같다.

① 토양을 분쇄시켜서 뿌리가 잘 뻗어나갈 수 있고 물, 공기, 비료가 즉각적으로 스며들 수 있다.
② 식물생장에 필요한 첨가물, 예를 들면 퇴비, 석회 등이 쉽게 토양과 섞일 수 있다.
③ 돌, 벽돌, 나무뿌리, 유리조각 등의 이물질들을 걸어낼 수 있다.
④ 토양의 상층부와 하층부를 바꾸어줌으로써 유기물이 뿌리에 쉽게 가까이 할 수 있다.
⑤ 화단의 경계를 짓는다.

2) 토양소독

화단의 땅속에 있는 잡초나 잡초씨, 잡초뿌리, 토양선충 등은 토양소독을 함으로써 미리 제거하는 것이다. 보통 토양훈증제가 사용된다. 이 약제들로는 클로로피크린, 바팜, 네아곤, 도우품 등이 있다.

3) 배수시설

화단에 물이 고이게 되면 뿌리는 호흡을 못해서 결국은 죽게 될 것이다.

따라서 화단배수는 중요한 문제가 아닐 수 없다. 배수를 위해 화단을 높이거나 화단 안에 도랑을 파서 지면배수를 하고, 더 적극적인 방법으로는 암거(땅속 도랑)를 만들어 지하배수를 하는 것이다.

4) 토양에 모래 넣기

화단토양에 배수가 잘 되고 산소가 뿌리에 잘 스며들 수 있게 하기 위한 방법으로 진흙 덩어리를 엉성하고 푸석하게 만들기 위해 모래, 왕모래, 콩자갈 등을 넣어서 섞어주는 것이다. 이러한 광물질을 넣어줌으로써 식물의 뿌리활동이 좋은 효과를 낼 수 있다. 이 방법은 잔디밭에도 꼭 필요한 작업이다.

5) 토양 보수력 증대방안

어떤 토양은 모래나 자갈이 너무 많아서 식물이 필요한 수분을 흡수하기도 전에 물이 빨리 빠져나간다. 이러한 점을 개선하기 위한 방법으로 점토나 부식토를 넣어 섞어준다.

6) 퇴비와 부엽 넣기

퇴비는 풀이나 나뭇잎과 어린줄기들을 모아서 썩힌 것을 말하고, 부엽은 가을에 활엽수의 낙엽을 모아서 썩힌 것을 말한다. 퇴비와 부엽은 유기질 비료로서 부식토의 공급원이 된다. 퇴비는 여름철에 잔디 깎은 풀, 잡초 벤 것, 나뭇잎이 달린 줄기 등을 마당 구석에 쌓아두면 비를 맞으면서 썩게 되어 부피가 줄어들고 갈색으로 되면서 반쯤 마른 상태의 물질로 된다. 부엽은 가을철에 활엽수의 낙엽을 긁어모아 쌓아놓고 물을 뿌려 주면서 수개월 썩혀 만든다. 이것들은 돈을 들이지 않고 토양을 개선하고 유기질비료의 공급원이 되기 때문에 매우 가치가 있다. 이 퇴비와 부엽은 화단에 7~10㎝ 정도로 두껍게 덮고 화단의 흙을 갈아 엎어서 흙과 골고루 섞이도록 한다.

7) 토양의 중화

물과 같이 토양도 산성, 염기성, 중성으로 나눌 수 있다. pH는 물질의 정확한 상태를 가리키는데 쓰이는 기초단위이다. pH가 7이면 중성이고, 그 이하의 숫자를 가리키면 산성이고, 7 이상이 되면 알칼리성이다. 어떤 식물들은 약산성이나 약알칼리성 토양을 좋아하는 것도 있지만 대체로 재배식물들의 대부분은 중성토양, 좀더 정확히는 pH6.5~7.2에서 잘 자란다. 대부분의 화단은 산성비나 화학비료의 사용으로 산성토양이 되기 쉽다. 이러한 산성토양은 석회석을 꽃밭에 뿌려줌으로써 토양을 중화시켜 중성이나 약알칼리성 토양으로 바꿀 수 있다. 석회석은 지효성(遲效性)이며 비료와 함께 뿌릴 수도 있고 또한 늦가을이나 초겨울에 뿌리는 것이 좋으며, 3~4년마다 뿌려주는 게 좋다.

8) 화단의 마지막 준비

토양을 경운해서 원하는 첨가물(퇴비, 모래, 자갈, 점토, 석회석, 유황) 또는 토양의 훈증(燻蒸)소독이나 지하배수 등을 하고 비료도 준다. 이러한 재료들을 바닥에 깔고 화단토양과 완전히 혼합되도록 다시 경운을 하거나 훠크나 괭이로 충분한 깊이로 들어 갈 수 있도록 해준다. 이 때 토양이 건조해야만 흙덩어리가 빨리 분쇄된다. 만약 토양이 물기가 있거나 점착성이 있으면 어느 정도 건조해질 때까지 기다려야 한다. 이 작업이 끝나면 레이크로 화단을 편평하게 고른다. 이 때 화단 표면이 다른 곳보다 높아지게 되는데 이것은 첨가물이 들어갔거나 산소공급이 이루어진 상태이며 또는 토양이 부서져서 다공성이 되었기 때문이다. 이 때에는 화초를 곧바로 심지도 말고 걸어다녀서 흙이 다져져서도 안 된다. 몇 주일이 지난 다음에 화초를 심는다.

화단관리

1) 물 주기

화초에 필요한 수분 요구량은 화초의 종류, 품종, 계절, 생장지역, 토양, 기후조건 등에 따라 각기 다르다. 하지만 대체로 생장기간에는 매주 20~30mm의 강우량이 식물생육에 적당하다고 본다. 매주 적당량의 비가 내려주면 물 걱정은 하지 않겠지만 가뭄이 계속되면 화초는 생장을 하지 못하는 것은 물론이고 시들어 결국은 말라죽게 된다. 따라서 식물생육에 필요한 물을 공급해 주어야 한다. 물주기에 관한 몇 가지 원칙이 있다.

① 화단 토양의 표면이 완전히 마르기 전에 물을 주어야 한다.
② 천천히 흘러나오는 호스로 화초 하나하나에 가까이 물을 준다.
③ 물을 화초에 줄 때 화초 뿌리에 30cm 정도로 젖을 수 있도록 충분한 물을 준다.
④ 물주는 시기는 아침이 좋다. 그 이유는 해가 지기 전까지 완전히 마르는데 충분한 시간이 걸리고, 밤새 빨리 퍼지게 될 병원균의 비산을 막는데 도움이 된다.

2) 피복(멀칭)

화초가 심겨진 땅에 피복을 하게 되면 토양수분의 증발이 억제되어 토양이 수분을 함유할 수 있고, 잡초의 생장을 막아주게 된다. 그리고 피복재료의 유기질이 썩게 되면 토양에 영양분을 제공하게 되며, 폭우가 쏟아지더라도 토양침식을 예방하고 여름철에 뜨거운 태양열로 토양이 데워지지 않고 서늘하게 유지될 수 있다. 피복재료로는 톱밥, 분쇄목, 수피, 메밀껍질, 콩껍질, 짚(벼, 밀, 보리), 건초, 솔잎 등 다양하다. 피복은 화단에 화초를 심고 나서 곧바로 하고 10cm 정도로 두텁게 깔아준다. 일단 피복을 한 후에는 여름 내내 손댈 필요가 없다. 겨울이 되면 여러해살이 화초에게는 토양이 어는 것을 막아 주고, 봄이 되면 이미 다 썩어서 피복재료로서의 가치는 없어지지만 유기질 비료로서 이용될 것이다.

3) 비료 주기

비료에는 유기질 비료와 무기질 비료가 있다. 유기질 비료는 쇠똥, 말똥, 닭똥 등의 가축분뇨가 있다. 짚 등의 깔개를 부숙시킨 외양간 거름을 구비(stable manure)라고 하며 짚, 식물체 등을 부숙시킨 것을 퇴비(compost)라고 한다. 구비와 퇴비는 모두 훌륭한 유기질 비료가 된다. 여기에는 식물생장에 필요한 질소, 인, 칼륨과 같은 비료의 3대 요소가 함유되어 있다. 이 유기질 비료가 토양과 잘 섞이게 되면 뛰어난 부식토가 된다. 그러나 유기질 비료는 몇 가지 문제점이 있다. 개울물, 시냇물, 강과 호수에 오염원이 될 수 있고 화단에 깔기 전에 몇 달 동안 썩혀야 하며, 비록 잘 썩힌 거름이라도 고약한 냄새가 난다는 점이다. 이른봄에 7~10㎝ 두께로 꽃밭에 깔고 가능한 한 토양 깊숙이 섞어 넣는다. 그러면 화초 생장기간 내내 영양분을 풍성하게 공급하게 될 것이다. 이것을 기비(밑거름)라고 한다. 또한 생장기간 중 화초 주위에 한 움큼의 양을 뿌려주고 흙속으로 묻어주는 것으로 추비(덧거름)라고 한다.

무기질 비료는 광물질에서 추출해 낸 가루로 된 물질이다. 값이 싸고 쉽게 구할 수 있으며 질소, 인, 칼륨의 함유량이 유기질 비료보다 높은 속효성(速效) 비료이다. 무기질 비료는 유기질 비료처럼 화초를 튼튼하고 건강하게 자라게 할 것이다. 무기질 비료의 단점 중의 하나는 부식성분이 없어서 토양의 구성성분을 악화시킬 수 있고, 유기질 비료와는 달리 속효성 효과가 있어서 화초의 빠른 생장에는 바람직하지만 그 효과가 단기간에 그친다는 점이다. 그래서 활력있는 생장을 계속 유지하자면 곧바로 다시 비료를 주어야 한다. 무기질 비료는 질소, 인, 칼륨 등 어느 한 가지 원소만을 포함하고 있는 것이 있고 이 세 가지 원소를 섞어서 만든 복합비료가 있다. 이러한 혼합 정도는, 예를 들어 5-10-5와 같이 포장지 상표에 표시되어 있다면 차례대로 질소, 인산, 칼륨의 함량을 표시한 것으로서 그 함량의 배합비율이 여러 가지 있어서 생장기간에 따라 달리 적합한 것으로 준다.

4) 순치기

순치기는 중요한 작업 중 하나이다. 줄기 끝부분에 새로 나오는 어린줄기나 가지를 잘라내는 것을 순치기(적심 ; pinching)라고 한다. 줄기 끝을 잘라주면 정아(끝눈) 우세 원리가 깨어져서 곁눈이 발달하여 가지가 무성하게 퍼져 많은 꽃이 달리게 된다.

5) 꽃눈 따내기

금잔화, 국화 등 꽃밑에 작은 꽃봉우리가 달리는데 이러한 것을 따내는 것을 꽃눈 따내기(적화, disbudding)라고 한다. 이렇게 하면 큰 송이의 꽃을 볼 수가 있다.

6) 절화

가정에서 화초 재배의 즐거움 중 하나는 집안을 장식하고 향기롭게 하기 위하여 화초들 중 일부를 잘라서 실내에 들여다 꽂는 것이다. 이것을 절화(cutting flowers)라고 한다. 어떤 것은 3~4일 정도로 생명이 짧지만 백합의 어느 품종은 3~4주까지 생명을 유지하는 것도 있다. 꽃을 잘라내는 시기는 하루 중 늦은 오후나 이른 저녁이 제일 좋으며 그 다음은 아침이다. 뜨거운 한낮에 꽃을 자르면 급속하게 시들기 때문에 좋지 않다. 병에 걸린 것을 잘라서는 절대로 안 된다. 그리고 자를 때에는 가위보다 날카로운 면도날로 자르는 것이 좋다. 전정가위는 줄기조직을 눌러서 수분의 통로인 관다발이 막히게 되기 때문이다. 또한 자른 줄기의 절단면이 넓을수록 수분 흡수에 도움이 되기 때문에 비스듬히 자르는 것이 효과적이며 자르는 동안에는 물양동이에 담가두어야 한다. 절화는 항상 직사광선이 닿지 않는 곳에 두어야 한다. 양귀비, 다알리아 등은 꽃을 꽂기 전에 절단면을 끓는 물에 1분간 담아두어야 수액이 빠져나가는 것을 예방할 수 있다.

꽃병은 암모니아 용액으로 깨끗이 씻어서 찌꺼기, 세균 등이 없도록 해야 한다. 실내온도가 서늘하면 꽃이 오래 갈 수 있다. 밤에는 서늘한 방으로 옮기는 것도 좋은 방법이다. 또한 물은 매일, 또는 이틀에 한 번씩 신선한 물로 갈아주되, 물을 갈아줄 때 줄기 끝을 잘라주면 관다발이 막힌 것을 열어주게 되어서 많은 물을 흡수할 수 있다.

7) 시든 꽃 따내기

만발하던 꽃들이 때가 되면 시들게 된다. 시드는 꽃은 즉시 따 버린다. 이것은 무엇보다도 씨가 맺혀서 식물이 쇠약해지는 것을 예방하고, 새로운 꽃이 피어나게 하기 위함이며, 씨가 떨어져서 싹이 트면 화초의 생장을 방해하게 되기 때문이다. 게다가 잡종이 생겨나서 다른 모양의 것들이 나올 수 있기 때문이다.

8) 지주대 세우기

키가 큰 화초나 꽃이 큰 두상화를 갖는 화초는 지주대(staking)를 세워서 비바람에 쓰러지는 것을 예방해야 한다. 코스모스·티토니아·다알리아 등은 키가 크게 자라게 되는데, 여름철 장마기간에는 비바람이 몹시 불고 또한 땅이 물렁해져서 쉽게 쓰러지고, 땅을 덮어 형태가 나빠진다. 지주대를 줄기 옆에 대고 땅속으로 박아 줄기와 지주대를 면화실, 노끈, 천조각 등으로 묶어 주는 것이 좋다. 비닐끈을 사용하는 것도 좋지만 나중에 청소할 때 썩지 않기 때문에 성가신 존재가 된다.

해충과 병해·방제

화초를 건강하게 재배하기 위해서는 화초를 좋은 토양에 심어 충분한 수분과 적당한 비료를 제공하면 그 힘과 활력으로 해충과 질병을 막아낼 수가 있고, 그 다음은 꽃밭 주변에 있는 풀과 나무들의 위생환경을 깨끗이 해야 한다. 또한 병든 식물을 제거하고, 쓰레기를 치우고, 해충의 은신처가 될 만한 것들을 없애야 한다. 겨울에 화초가 시들어 죽은 후에는 여름에 병해충에 감염된 것들을 소각해야 한다. 병해충에 감염되면 농약을 사용하여 방제해야 한다. 약제 살포는 가루로 뿌리는 것과 분무하는 방법이 있다. 농약살포시기는 비가 온 후나 바람이 없는 날에 해야 한다.

1) 해충

① 진딧물 : 어린줄기, 새잎, 어린눈에 붙어서 즙액을 섭취한다. 화초의 어린 싹이나 잎이 일그러지는 것으로 쉽게 알아차릴 수 있다. 그냥 내버려두면 식물 전체의 성장이 위축되어 자라지 못한다. 또한 바이러스를 전염시키고 그 분비물은 그을음병을 유발시킨다. 고온 건조시에 발생이 심하고 따뜻하면 무성번식을 한다. 방제법으로는 밀식(密植)을 하지 말고 통풍과 채광을 도모하고 강력한 분무를 해야 한다. 말라티온, 니코틴, 제충국, 메타시스톡스 등의 방제약을 살포한다.

② 응애 : 거미류에 속하는 작은 벌레로 육안으로 쉽게 관찰이 안 되며 고온건조기에서 번식이 왕성하다. 연한 생장점, 꽃눈, 꽃봉오리, 잎 뒤에 붙어서 즙액을 흡수하기 때문에 엽록소가 파괴되어 잎 전체가 생기를 잃고 흰점 또는 녹슨 모양이 되며 심하면 생장이 정지된다. 거미줄을 내고, 탈바꿈을 하면 흰가루 같은 것이 잎에 남기 때문에 쉽게 관찰된다. 습기를 싫어하고 고온건조기에 많이 발생한다. 캘탄, 메타시스톡스 등의 방제약을 살포한다.

③ 풍뎅이 : 장미, 금잔화 등 크고 밝은 색의 꽃에 앉아 꽃 속을 갉아먹어 꽃을 망치게 한다. 풍뎅이는 꽃잎이 떨어지고, 덩치가 커서 쉽게 발견할 수 있다. 날개는 구리빛이고 몸은 녹색이며 크기가 1.5~2cm의 타원형 모양이다. 방제약으로 세빈 등을 분무한다.

④ 선충 : 토양 속에 사는 현미경적인 환형동물이다. 화초의 뿌리를 먹고 사는데 식물의 활력을 빼앗고 노랗게 변색시키며 성장을 중지시킨다. 어떤 것은 뿌리에 혹을 만들기도 한다. 크롤로피크린, 네오퓸, 도우퓸, 네마곤, 퓨미건트 등의 방제약으로 토양 소독을 한다.

⑤ 기타 : 잎을 잘라서 몸을 감아 숨기는 잎말이나방, 줄기 속을 뚫어서 다니는 심식나방·쐐기나방·불나방 등이 있다.

2) 이로운 곤충

① 무당벌레 : 등의 빛깔이 적황색이고 검은 점들이 있는 곤충으로 날아다닌다. 먹이감으로는 해충이 되는 진딧물을 잡아먹고 산다.

② 사마귀 : 크기가 15~20㎝나 되는 커다란 곤충으로 사나운 앞발이 있어서 해충을 잡아먹고 살지만, 다행히도 무당벌레는 잡지 않는다.

3) 병해

① 바이러스 : 전자현미경으로나 관찰할 수 있는 병원균으로, 감염되면 모자이크, 황화, 위축, 기형 등의 증상이 나타난다. 생육이 나빠지고 꽃도 불량하게 된다. 꽃에는 반점무늬, 기형화 등이 생기게 되며 알뿌리에서는 이상 비대한 모양이 된다. 특히 알뿌리 화초에 많으며 과꽃·코스모스·앵초·금잔화·백일초·국화 등에서도 나타난다. 개미나 진딧물이 병원균을 옮긴다. 방제법은 감염된 것을 즉시 뽑아서 태워버리는 것이다.

② 잿빛 곰팡이병(보트리티스) : 꽃, 잎, 어린줄기에서 잿빛 균사를 형성하는데 처음에는 담황색에서 회백색의 원형 또는 타원형의 작은 반점이 생기고 점차 커지면서 잎 전체가 말라버리거나 꽃잎이 구부러진다. 4~6월의 서늘하고 습기찬 날씨에 빨리 퍼진다. 이 병은 알뿌리 화초·팬지·베고니아·제라늄·모란·작약 등에 심하다. 방제법은 질소 과다시비, 밀식 등을 피하고 광선과 통풍을 좋게 한다. 감염된 것은 즉시 소각하고 약제는 지네브, 퍼밤, 석회유황합제, 석회 보르도액 등을 살포한다.

③ 흑반병 : 잎에 검은색의 둥근 반점을 만드는 병으로 장미에 심하고 장마가 계속되어 습할 때 발생하며 낙엽이 지는 가을까지 계속 남아 있다. 팔탄, 베노밀 등의 약제를 살포한다.

④ 녹병 : 잎에 갈색 또는 붉은 색의 반점이 녹을 닮았으며 서늘한 기후일 때 주로 발생한다. 접시꽃, 금어초, 국화, 과꽃 등에 나타난다. 처음에 병징이 발견되면 지네브, 퍼밤 등을 10일 간격으로 살포한다.

⑤ 묘잘록병(입고병) : 씨앗으로부터 자라는 모든 화초에서 흔히 볼 수 있는 질병이다. 토양내에 살고 있는 병원균이 어린 묘의 땅속줄기 속에 감염되어 줄기가 잘록하게 들어가고 갈색으로 변하면서 결국 쓰러져 죽게 된다. 방제법은 씨앗을 승홍수 기타 티람, 캡탄 등의 종자소독약

으로 처리하고, 알뿌리 화초는 석회 보르도액에 30분간 담갔다가 심으며, 화단에는 세레산 석회를 뿌린다.

⑥ 흰가루병 : 잎에 흰가루를 뿌린 듯한 병징으로 고온 다습한 날씨가 계속되면 발생한다. 프록스, 백일초, 장미, 금잔화 등에서 흔히 볼 수 있다. 방제법은 캡탄, 지네브 등을 살포하는 것이다.

⑦ 노균병 : 흰가루병과 비슷하게 하얀 가루의 균이 잎에 붙어서 병을 일으키지만, 다른 점은 잎뒤에 있는 기공에 기생해서 잎맥 둘레에 다각형상으로 회백색 또는 자주빛 병반을 만든다. 저온을 좋아하여 봄·가을에 발생하며 방제로 마라티온, 캡탄 등을 살포한다.

⑧ 시들음병 : 푸라시움 병원균이 다 자란 묘목, 알뿌리 등에 만연되면 급속하게 시들어서 죽게 된다. 뿌리나 줄기 밑에 침입한 균이 조직 내부에 침투하여 식물체 양분의 통로를 막는다. 상처난 곳에 감염되기 때문에 작업 중에 기계적인 상처를 피해야 한다. 방제는 병든 식물체를 뽑아서 태우고 마라티온을 살포하여 토양을 소독하고 작은 면적일 경우에는 흙을 파서 내다 버린다.

번 식

한해살이 화초는 종자번식, 여러해살이 화초는 주로 포기 나누기와 종자번식을 하며 알뿌리 화초는 분구번식을 한다.

1) 종자번식

한꺼번에 파종하여 많은 묘종을 얻을 수 있고, 번식이 쉬우며 우수한 품종을 얻을 수 있다. 종자의 발아조건은 수분, 온도, 산소 등의 세 가지이다.

종자의 함수량은 약 10%이고 60~70%의 수분을 흡수하게 되면 발아하게 된다. 종자가 발아하려면 생육 적온보다 높은 온도가 요구된다. 따라서 냉상, 온상 등이 이용된다. 대기중에는 산소가 20%나 되지만 파종을 하고 흙을 덮으면 산소가 부족할 수 있으므로 복토의 두께는 산소요구량과 관계가 있다.

파종은 화단에 곧바로 뿌리는 것을 직파(直播 ; field sowing)라고 하며, 발아가 되면 일정한 간격으로 솎아내거나 모종을 이식한다. 파종상자에 파종하여 육묘하는 것을 상파(床播 ; bed sowing)라고 한다. 요즘은 플라스틱 파종상자 또는 지피포트가 시판되고 있다.

파종방식에는 다음 세 가지가 있다.

① 점뿌리기(점파 ; spot-sowing) : 종자가 큰 것은 상토에 한 구멍에 1개 또는 2~3개씩 넣는다.
② 줄뿌리기(조파 ; line-sowing) : 상토에 줄을 긋고서 일정한 간격으로 뿌리는 것이다.
③ 흩어뿌리기(산파, spread-sowing) : 종자를 상토에 넓게 골고루 뿌리는 방식이다.

파종한 후에는 일정한 두께로 흙을 덮어주는데 이것을 복토라고 하며 복토의 두께는 보통 씨앗의 2~3배로 한다. 파종하고 복토를 한 후에는 물을 흠뻑 준다. 파종장소는 통풍이 잘 되는 그늘이 좋으며 파종한 곳에는 발을 쳐서 직사광선을 피하고 수분증발을 막아야 한다.발아가 되어 새싹이 나오면 튼튼한 묘는 남겨두고 약한 것은 솎아낸다(thinning out). 튼튼한 묘는 일정한 잎이 나오면 이식(transplanting ; 옮겨심기)을 하게 되는데 이것은 뿌리의 발달을 돕고, 유기질이 풍부한 토양에 심어서 건강한 화초 모종으로 키우기 위한 것이다. 꽃이 필 무렵이면 화단에 옮겨 심게 되는데 이것을 정식(定植 ; setting)이라고 한다. 가정에서는 보통 어린 모종을 한 차례 옮겨 심지만 공원에서는 꽃필 무렵에 정식을 하게 된다. 한해살이 화초의 한살이는 종자가 발아하고 뿌리, 줄기, 잎이 나와서 영양생장을 하고 꽃이 피고 열매를 맺고 씨가 생기고 가을이 되면 시들어 말라죽게 되어 한살이가 끝나게 된다.

2) 포기 나누기

여러해살이 화초의 번식방법은 종자번식과 포기 나누기의 두 가지가 있다.

여러해살이는 봄에 싹이 터서 줄기와 잎이 나오고 꽃이 피고, 열매와 씨를 맺고 지상부는 시들어 말라죽지만 땅속에 뿌리는 죽지 않고 땅 가까이에 겨울눈을 지니고 있다가 이듬해 봄에 눈에서 새싹을 내어 새삶을 시작하게 된다. 이러한 화초를 여러해살이 화초라고 한다. 봄철에 뿌리채 캐어내어 눈을 가진 뿌리들을 나누어 새로운 개체를 얻어내는 것을 포기 나누기(분주, division)라고 한다. 손쉬운 번식방법이지만 대량 번식이 어려울 뿐이다.

3) 분구 번식

알뿌리 화초는 형태에 따라서 비늘줄기(인경), 구슬줄기(구경), 덩이줄기(괴경), 덩이뿌리(괴근), 뿌리줄기(근경) 등이 있다. 이러한 것들은 모두 떼어내서 번식하는데 이 방법을 분구(separation)라고 한다. 자연적으로 분구되는 것으로는 튤립, 수선화, 글라디올러스, 프리지아, 백합 등이 있고 다알리아, 칸나,

아네모네, 칼라, 독일붓꽃 등은 자연분구가 안 되어 눈(芽)을 보아가면서 칼로 갈라내어야 한다.

(1) 자연분구

① 자구(子球) 번식 : 비늘줄기나 구슬줄기에는 모구(母球) 주변에 많은 자구(어린 알뿌리 식물체)를 형성하고 저절로 떨어져 나오는데 이것을 캐내어 2~3년간 양묘하면 꽃이 핀다.

② 목자(目子) 번식 : 알뿌리의 밑부분이나 땅속줄기에 착생하는 어린 알뿌리를 목자라고 하는데 이것으로 증식시킨다.

③ 주아(珠芽) 번식 : 백합은 엽액(잎겨드랑이)에 있는 줄기에 흑자색의 작은 구슬이 생겨서 성숙하면 땅에 떨어진다. 이것을 주아라고 하며 육묘하여 증식시킨다.

(2) 인공번식

① 분할번식 : 덩이뿌리, 덩이줄기, 땅속줄기를 갖는 알뿌리 화초들은 자연번식이 안되므로 인공으로 분할증식을 하게 된다. 다알리아, 칸나, 아네모네, 구근베고니아. 글록시니아, 실라, 칼라디움이 여기에 속한다. 절단면은 유황을 발라서 부패를 방지해야 한다.

② 인편번식 : 백합은 많은 인편(비늘줄기)으로 알뿌리를 구성하여 백합이라고 한다. 백합의 알뿌리 인편을 하나하나 떼어내어 꺾꽂이하여 새로운 개체를 얻어내는 방법이다.

③ 절상번식 : 히아신스는 번식이 어려우므로 알뿌리의 일부를 잘라서 상처를 내어 번식하는 어려운 기술이다. 노칭, 스쿠우핑, 코링 등의 절상방법이 있다.

꽃 밭

꽃이 심어진 곳은 모두가 꽃밭, 즉 화단이 된다. 화초는 우리의 주변환경에서 다음과 같은 곳에서 이용되고 있는 것을 알 수 있다.

- 화단(bed)
- 건물이나 집앞의 기초식재
- 꽃 울타리
- 보도를 따라 심은 화초
- 돌담 정원(stonewall garden)
- 야생풍경 꽃밭(meadow garden)
- 울 밑
- 꽃 가리개(flower screen)

- 암석 정원(rock garden)
- 창가 꽃상자(window flower box)
- 식재상(植栽床, planting bed)
- 연못(pond)
- 화계(花階, flower terrace)
- 꽃바구니 걸이(hanging basket)
- 화분 또는 용기(pot, container)
- 울타리, 펜스(fence)에 얹은 덩굴화초
- 자수화단(parterre)
- 경재화단(境栽花壇, border)

1) 꽃밭의 형태

꽃밭의 형태는 크게 나누어서 화단(bed)과 경재화단(border)이 있다. 화단은 바다의 섬같이 사방에서 꽃밭을 바라볼 수 있는 것을 말하고, 경재화단은 담벽, 건물벽, 울타리 앞쪽에 만든 꽃밭으로 한쪽에서만 꽃을 바라볼 수 있는 꽃밭이다. 화단의 모양은 그 장소와 관련되어지게 마련이다. 화단의 형태는 여러 가지 모양이 있다. 즉 직사각형, 정사각형, 다이아몬드형, 육각형, 오각형, 원형, 난형(卵形), 반달형, 리본형, 가장자리가 부채꽃 모양인 직사각형 등이 있다. 어떠한 형태이든 그 장소의 특성을 잘 나타낼 수 있어야 한다.

2) 꽃밭의 크기

꽃밭의 크기는 장소에 따라서 알맞게 만들어진다. 따라서 꽃밭의 길이는 다양하다. 그러나 꽃밭의 폭(너비)은 제한된다. 왜냐하면 꽃밭을 손질하기 위해서 발을 들여놓으면 흙이 단단해져서 식물의 생장을 저해하기 때문이다. 따라서 화단에서는 양쪽에서 접근하여 작업을 할 수 있도록 화단의 폭은 150cm 이내여야 하며, 경재화단에서는 한쪽에서만 접근이 가능하므로 약 80cm 이내가 적당하다. 꽃밭의 바닥은 일정한 기울기가 있어야 장마 때에 배수가 잘 된다. 화단은 양쪽으로 배수가 되어야 하지만, 경재화단은 담쪽으로는 높고 원로 앞쪽으로는 낮아야 지면배수가 잘 될 수 있다. 이 때에 기울기는 10° 가 적당하며 너무 기울면 토양침식이 생길 수 있다.

3) 꽃밭의 높이

꽃밭은 그 주변, 즉 원로(garden path)보다 높아야 한다. 꽃밭에는 유기질 비료, 모래 등을 넣어 주었기 때문에 5cm 이상 높아지는 것은 당연하다. 그러나 꽃밭은 적어도 지면에서 20～60cm 정도로 높아야 관리하기가 쉽다.

작업을 할 때 허리를 많이 구부리지 않아도 되고, 쉬는 동안 걸터앉아도 되며, 또한 보행자의 침입을 막을 수 있다. 잔디와 나무뿌리가 꽃밭에 들어와 화초와 경쟁하는 것도 피할 수 있고, 또한 지하수위가 높아지면 화초의 뿌리에 호흡에 문제가 되는데 이러한 것들을 예방할 수도 있다. 미학적으로도 평지보다는 매력적이다.

4) 꽃의 배치

경재화단에서는 원로에서 맨 앞쪽은 키가 작은 화초, 중간은 중간 크기의 화초, 맨 끝쪽인 담이나 울타리 쪽에는 키가 큰 화초를 심어서 꽃의 크기가 기울기가 되도록 심는다. 원형 화단에서는 맨가운데에는 제일 큰 화초를 심고 가운데에는 중간 크기의 화초를, 앞쪽에는 작은 크기의 화초를 심는다. 마치 우산 모양의 화단이 될 것이다.

이것은 시각적인 효과는 물론이거니와 통풍, 채광에도 관련이 된다.

식재거리는 꽃의 생육에 중요한 요인이 된다. 화초는 흔히 밀식하게 되는데 이로 인해 가지가 덜 퍼지고, 뿌리에서 양분 쟁탈이 일어나며, 포기 사이의 통풍과 채광이 나빠져서 식물생육이 나빠지고, 병해충이 생기기 쉽다.

적당한 식재거리는 화초가 자라는 포기보다는 여유공간이 있어야 한다. 물론 포기는 토양이 비옥하면 많이 퍼지고 척박지일 경우에는 덜 퍼지지만 꽃밭의 토양은 비옥한 토양이어야 한다.

대략적인 식재거리는 다음과 같다.

- 화초 높이 15cm 이하로 자라는 것은 식재거리 15~20cm
- 화초 높이 15~30cm로 자라는 것은 식재거리 20~25cm
- 화초 높이 30cm 이상 자라는 것은 식재거리 30~40cm
- 코스모스, 해바라기, 티토니아 등은 식재거리 60~90cm

5) 꽃밭의 테두리

꽃밭의 테두리는 사진액자의 틀 구실을 한다. 테두리는 벽돌, 돌, 목재, 철재 등의 토목재료가 있고 회양목과 같은 식물재료가 있다. 토목재료들은 한번 시공하면 내구성이 생긴다는 이점이 있고, 식물재료는 시각적으로 화단의 틀이 되고 경관의 질을 향상시키고 멀칭재료를 가려주는 기능까지도 하지만 생물 자료이기 때문에 많은 보살핌이 요구된다.

테두리에 이용되는 식물을 테두리 식물(edging plants)이라 하고, 이러한 식재를 테두리 식재(edging planting)라고 한다. 채송화, 아제라텀, 아리섬 등의 키가 작은 식물들이 테두리 식재에 쓰인다.

II

한해살이 화초

한해살이 화초는 씨가 싹이 트고 자라서 꽃이 피고는 한살이를 열두 달 안에 마감하고 시들어 버린다. 한해살이 화초는 꽃의 빛깔이 화려하고 조화로운 꽃으로, 특히 한여름에 많이 피어난다. 어떤 다른 종류의 꽃들도 무더운 한여름에 그토록 많은 꽃을 피우지는 못한다. 대부분의 한해살이 화초는 꽃밭에서 한해살이 화초들만 심거나 또는 여러해살이 화초와 약간의 알뿌리 화초들과 섞어서 심기도 한다.

1) 화초 씨 파종

땅에 뿌린 작은 화초 씨에서 싹이 터 지표면을 뚫고 나와 잎을 내어 자라고 마침내 꽃을 피우는 것을 보면 마치 기적을 목격하는 것과 같다.

화초 씨를 파종하는 데에는 몇 가지 중요한 이점이 있다.

① 모종을 시장에서 사는 것보다 직접 파종하는 것이 훨씬 싸다.
② 다양한 종류의 화초를 고를 수 있다.
③ 씨 봉지에 재배에 필요한 지식이 자세히 설명되어 있다.
④ 파종해서 꽃이 필 때까지 6~10주가 걸린다고 할지라도 그 과정이 모두 즐겁다.

파종은 노지(露地)파종, 냉상(冷床)파종, 온상(溫床)파종 등이 있다. 노지파종은 노지에 파종상을 만들고 해가리개를 하고 습도를 유지시켜서 육묘하는 것이고, 냉상파종은 가온을 하지 않은 벽, 바닥, 유리창으로 만들어진 구조물 안에서 햇빛의 온도만으로 화초를 육묘하는 것이고, 온상파종은 가열된 구조물 안에서 높은 온도를 요구하는 화초를 육묘하는 것이다.

발아온도는 생육온도보다 약간 높다. 따라서 원산지가 열대성인 것은 온상에서, 아열대나 온대인 것은 냉상에서도 발아가 잘 되며, 노지육묘는 서리가 다 끝난 후에 파종함으로써 개화기가 온상이나 냉상에서 파종한 것보다는 늦어진다.

2) 이식

파종상에서 자란 모종은 화단에 옮겨심게 되는데 이것을 이식(移植)이라고 한다. 이식 시기는 서리가 다 지나간 후여야 한다. 심고 나서 시들지 않게 하려면 이식은 흐린 날이나 오후 저녁무렵이 좋다. 흐린 날은 직사광선을 피할 수 있어서 좋고, 저녁 무렵은 곧 해가 지고 밤이 되므로 햇빛 때문에 시들 염

려가 없다. 꽃밭에는 이식하기 12~24시간 전에 물을 뿌려 토양을 적신다. 토양은 뿌리 주변에 있는 흙이 덩어리가 생기지 않도록 젖어야 하며 너무 흠뻑 젖어도 안 좋다. 꽃밭에는 화초 하나하나 심을 구덩이를 파야 한다. 구덩이 깊이와 너비는 화초 모종의 뿌리분[根盆]보다 두 배 정도는 넓어야 한다. 모종의 뿌리분을 구덩이에 넣고 고운 흙으로 빈 공간을 채운다. 그러나 줄기까지 채워서는 안 된다. 그리고 나서 손으로 뿌리 주위를 꾹꾹 다져서 공기를 빼내고 토양과 뿌리분이 잘 접촉하도록 하여야 한다. 그 후에는 여기에 접시 모양의 물집을 만들게 되는게 이것을 물집(water basin)이라고 하며 여기에 물을 주어 채운다. 마지막으로 2주 동안 물집이 말라보일 때마다 물을 주어야 한다.

3) 초가을 서리 예방

가을에 일찍 서리가 내릴 수도 있다. 만약 일기예보에서 서리가 온다고 예보하면 천이나 프라스틱 필름으로 화초를 덮어서 서리에 맞지 않도록 예방해야 한다. 서리를 맞게 되면 화초는 금방 얼어서 죽게 될 것이다. 서리는 밤새 오는 것으로 첫서리가 온다고 매일 밤 서리가 내리는 것은 아니다. 이 방법 외에도 바비큐 화덕이나 목탄불, 모닥불 등으로 열을 내어 서리를 예방할 수도 있다. 1993년의 겨울은 미국에서 100년만에 눈이 많이 내리고 몹시 추었다고 하는데 플로리다 올랜도 부근에 있는 사이프러스 가든에서는 곳곳에 커다란 난로를 화단 원로에 놓고 불을 밤낮으로 피워 화초가 얼어죽는 것을 예방하는 모습을 볼 수 있었다.

4) 한해살이 화초의 선택

한해살이 화초는 그 종류가 매우 많다. 화초마다 크기, 잎, 꽃, 자생지, 적지, 이식, 식재거리, 병충해, 번식방법, 화단의 이용 등의 지식을 이해하는 것이 중요하다. 이 책에서는 더욱이 식물의 학명, 발음기호, 과이름, 속명과 종명의 어원을 밝히고 있다.

A. 봄에 씨 뿌리는 한해살이 화초

색비름
맨드라미
줄 맨드라미
깃털 맨드라미
천일홍
일일초
봉선화
뉴 기니아 봉선화
월라리아나 봉선화
물망초
스위트 아리섬
꽃 양배추
클레오메(거미꽃)
꽃-댑싸리
아제라텀(풀솜꽃)
악토티스
카카리아
과꽃
코레옵시스
코스모스
노랑 코스모스
디몰훠테카(아프리카 데이지)
가일라디아(천인국)
해바라기
헬리크리섬(밀집꽃)
아프리카 마리골드
프랑스 마리골드
티토니아(멕시코 해바라기)
백일초
나팔꽃

누홍초
살비아
코레우스
미모사
분꽃
양귀비
캘리포니아 양귀비
아이슬랜드 양귀비
꽃 양귀비
프록스
스타티스(꽃 갯질경)
채송화
버베나(꽃 마편초)
풍선 덩굴
금어초
리나리아
토레니아
한련
페투니아
꽃 담배
관상 고추
아주까리
유휠비아(설악초)
향유
관상 호박
여주(茹周)
수세미 오이
솔체꽃
목화

색비름

비름-과

Amaranthus tricolor
(am-a-ran'thus tri'kul-er)

Joseph's Coat,
Fountain Plant

크 기 줄기는 곧게 서며 높이가 1~2m로 자란다.
형 태 *잎* 어긋나며, 둥근 난형(卵形) 또는 긴 타원형으로 처음에는 녹색이나 8월이 지나면 잎 빛깔이 노랑, 담홍, 적자색, 홍색, 선홍색 등으로 아름답게 물들고 기러기가 올 때쯤이면 더욱 선명해진다.
꽃 잎 겨드랑이에서 나오는데 그다지 예쁘지는 않다.
개화기 꽃은 관상가치가 없다.
자생지 열대 아프리카.
재 배 *적 지* 배수가 잘 되는 곳으로 토양 적응에 강하므로 햇빛이 잘 들고 통풍이 좋아야 한다.
이 식 식재거리 30cm, 이식은 싫어하는 편이다. 크기 6~10cm 정도일 때 이식하는 게 좋다.
병충해 별로 없다.
번 식 실생번식, 종자 수명은 3~4년, 발아일수는 7~10일 정도이다. 파종은 노지에서 4~5월경에 하고 늦게 심어야 키가 딜 근다.
조 경 주택정원, 경재화단, 화단 등에서 강조식물.
학 명 *속 명* a(없는)와 maraine(마르다)와 anthos(꽃)의 합성어로 꽃이 시들지 않는 것에서 유래.
종 명 세 가지 빛깔의.
변 종 var. *salicifolius* : 잎이 좁다.
재배변종 'Splendens' : 빨강잎, 빨강꽃이다.
그밖의 종 *A.* hybrid : 교잡종으로 높이 90~120cm.

맨드라미

비름-과

Celosia cristata
(se-lo'si-a kris-ta'ta)

Cockscomb

크 기	줄기는 굵으며 줄무늬가 나 있고 붉은색이다. 높이 30~60cm, 포기 30cm로 자란다.	
형 태	*잎*	잎자루가 있고 긴 타원형이며 어긋나기로 달린다.
	꽃	줄기 끝에 닭 벼슬 모양의 화서에 붉은 색의 가는 털이 많이 있고 빛깔이 선명하며 화서 밑부분에는 작은 꽃들이 무수히 달린다.
	개화기	8~11월.
자생지	열대 아시아.	
재 배	*적지*	햇빛이 잘 들고 배수와 통풍이 좋은 건조한 토양.
	이식	이식은 싫어한다. 식재거리는 고생종은 30~60cm, 왜생종은 15~20cm.
	병충해	시들음병, 갈색무늬병.
	번식	실생번식, 발아온도 25℃.
조 경	집단식재.	
학 명	*속명*	그리스어 kelos(불이 타는)에서 유래.
	종명	닭벼슬 모양의.
	변종	var. *nana* : 키가 15cm 정도이다. 테두리 식재(edging plants)로 이용된다.
	재배변종	'Forest Fire' 'Golden Triumph' 'Fairy Fountain' : 왜생종(30cm)이고 여러 꽃 빛깔이다.

줄 맨드라미

비름-과

Amaranthus caudatus
(am-a-ran'thus ka-da'tus)

Love-lies-Bleeding(U.K.),
Kiss-Me-Over-The-Garden-Gate(U.S.A),
Tassel-Flower

크 기 높이 90~150cm, 포기 60cm로 자란다.
형 태 *잎* 줄기는 굵고 튼튼하며 가지가 잘 퍼진다. 잎은 난형으로 연한 녹색이다.
꽃 줄기 끝에서 긴 꼬리 모양으로 달리는데 길이 45cm 정도의 화축(花軸)에 연분홍색 꽃이 피며 한여름부터 서리가 내릴 때까지 오랫동안 피어 있다.
개화기 8~10월.
자생지 열대 아프리카, 남 아메리카.
재 배 *적지* 햇빛이 잘 들고 배수가 잘 되는 건조한 토양.
이식 식재거리 60cm.
병충해 별로 없다.
번식 실생번식, 마지막 서리가 끝나고 4~6주 지난 다음에 온상에서 파종하며 3mm 정도로 복토한다. 노지파종은 늦은 봄에 한다.
조 경 주택정원, 경제화단, 화단 등에서의 강조식물
학 명 *속명* 꽃이 마르지 않는.
종명 꼬리가 있는.
재배변종 'Viridis' : 녹색 꽃이 핀다.
'Pygmy Torch' : 잎은 자주빛이고 꽃은 연분홍색이다.

깃털 맨드라미

비름-과

Celosia cristata var. plumosa
(se-lo'si-a kris-ta'ta vər. plu-mo'sa)

Plumed Celosia

크 기	높이 30~60cm, 포기 30cm로 자란다.	
형 태	*잎*	어긋나며, 잎자루가 있고 긴 타원형이다.
	꽃	줄기 끝에 붓 모양 또는 우상(羽狀)의 화서가 많이 달린다. 빨강, 노랑, 분홍 등의 빛깔이 있다.
	개화기	8월.
자생지	열대 아시아.	
재 배	*적 지*	햇빛이 잘 들고 배수가 좋은 양토에서 잘 자라며 건조에 견딘다.
	이 식	식재거리는 고생종이 30~60cm, 왜생종은 15~20cm, 이식은 싫어한다.
	병충해	별로 없다.
	번 식	실생번식.
조 경	화단, 경재화단.	
학 명	*속 명*	그리스어 kelos(불타는)에서 유래.
	종 명	벼슬의.
	변종명	새깃 모양의.
	재배변종	'Golden Torch' : 노랑꽃이 핀다. 'Century Mixed' 'Jewel Box'

천일홍

비름-과

Gomphrena globosa
(gom-fre'na glo-bo-'sa)

Globe Amaranth

크 기 줄기에 털이 있고 마디는 불룩하다. 높이는 20~45cm 정도이고 포기 20~30cm로 곧게 선다.

형 태 *잎* 마주나며, 긴 타원형으로 엷은 녹색이고 끝이 뾰족하다. 잎 앞뒤에 잔털이 있다.

꽃 줄기 끝에 달리는데 7월부터 서리가 내릴 때까지 계속 핀다. 꽃 빛깔은 담자, 진홍, 흰색 등이며 공 모양의 두상화서로 핀다. 낱꽃들은 작은 포에 싸여 있고, 두상화의 빛깔은 꽃잎이 아니고 포(苞)이다. 가을까지 선명한 빛깔이고 시든 후에도 모양과 빛깔이 변하지 않는다.

개화기 7~10월.

자생지 열대 아시아(인도).

재 배 *적 지* 햇빛이 잘 들고 배수가 잘 되는 곳의 토양에 잘 적응하는데 과습하면 뿌리가 썩는다. 한여름에는 멀칭(피복)을 한다.

이 식 식재거리 30cm.

병충해 별로 없다.

번 식 실생번식, 파종은 4월 중순경, 씨앗은 털 속에 들어 있다. 온상에서는 3월에 15~18℃에서 파종하며 발아기간은 2주일 정도이다.

조 경 화단, 경재화단, 용기, 창가 꽃상자, 절화, 말린꽃 등으로 이용된다.

학 명 *속 명* 그리스어로 맨드라미의 어느 종의 옛 이름.

종 명 공 모양의.

재배변종 'Rubra' : 꽃이 빨강이다.

일일초

협죽도-과

***Catharanthus roseus* (syn. *Vinca roses*)**
(kath-ar-an'thus ro'ze-us)

Madagascar Periwinkle,
Rosy Periwinkle,
Annual Vinca

크 기 자생지에서는 반관목성의 여러해살이 식물이지만 한국에서는 한해살이 화초로 취급된다.

형 태 *잎* 긴 타원형으로 길이 2.5~5cm이고 끝이 둥그스름하나 좀 뾰족하다. 잎 앞면은 광택이 있고 진한 녹색이며 흰색의 주맥이 있다. 뒷면은 연한 녹색이고 부드러운 털이 있다.

꽃 줄기 끝에 납작한 5장의 꽃잎이 달리며 흰색, 분홍, 장미빛깔 등이 있고 크기는 5cm이다. 매일 한 송이씩 피어 오랫동안 유지한다.

개화기 7~9월.

자생지 마다가스카르, 인도, 자바, 브라질.

재 배 *적지* 햇빛이 잘 들고 배수가 좋아야 한다. 열, 오염, 가뭄 등에 잘 견딘다. 습지와 15℃ 이하 온도에서는 어렵다.

이식 봄에 이식한다. 식재거리 15~30cm.

병충해 별로 없다.

번식 실생번식, 이른 봄에 온상에서 파종. 발아온도 20℃, 자연 발아도 쉽다. 순치기를 하면 많은 꽃이 달린다.

조 경 화단, 경재화단, 용기식재, 창가 꽃상자.

학 명 *속명* 그리스어 katharos(순수한)와 anthus(꽃)의 합성어.

종명 장미빛의.

재배변종 ‘pretty in Pink’ : 분홍꽃이 달린다.

봉선화

봉선화-과

Impatiens balsamina
(im-pa'shi-enz bal'sam-i-na)

Garden Balsam,
Touch-Me-Not,
Lady slipper,
Common Balsam

크 기 높이 60~75cm로 자라며, 포기 50cm 정도이고 줄기의 마디가 굵고 다육질이며 가지가 잘 분지된다.

형 태 *잎* 어긋나며, 피침형(披針形)으로 가장자리에 톱니가 있다. 길이 5~7cm, 너비 3cm 정도이다.

꽃 잎겨드랑이에 1~3개씩 달리며, 분홍, 빨강, 보라, 흰색 등 다양하다. 크기는 6cm 정도이고 홑꽃과 겹꽃이 있으며, 열매가 익으면 씨가 튀어 나간다.

개화기 7~8월.

자생지 열대 아시아(인도, 말레이시아), 아프리카.

재 배 *적지* 반그늘에서 꽃이 더 선명하며 습기를 좋아하고 부식질이 많은 토양에서 잘 자란다.

이식 식재거리 30~40cm.

병충해 흰가루병, 녹병, 반점병.

번식 실생번식, 발아온도 15~20℃, 발아일수는 5일이고 자연발아도 잘 된다. 종자 수명은 5~6년으로 길다. 생육적온은 20~25℃.

조 경 그늘진 화단, 경재화단, 주택정원 등에 세 그루 이상씩 풍성하게 모아 심는다.

학 명 *속명* im(없는)와 patients(인내)의 합성어로 참을 수 없는 등의 뜻으로 열매가 익으면 곧 터진다.

종명 아라비아의 발삼(balsam)에서 온 것으로 창상(創傷)에 바르는 약이다.

재배변종 'Camellia Flowered' : 높이가 60cm이고 꽃이 큰 겹꽃이다.

뉴 기니아 봉선화

봉선화-과

Impatiens 'New Guinea' Hybrids

(im-pa'shi-enz nju': gi'nia hib'ri-dz)

New Guineia
Impatience

크 기 높이 30~60cm, 포기 20~45cm로 자라며 자생지에서는 여러해살이 식물이지만 한해살이 화초로 취급한다.

형 태 *잎* 어긋나며, 피침형으로 크고 끝이 뾰족하며 톱니가 있다. 녹색 또는 청동색으로 노랑무늬가 있어 아름답다.

꽃 줄기 끝에 7.5cm 크기의 분홍, 빨강, 주황, 보라, 흰꽃 등이 핀다.

개화기 6~11월.

자생지 뉴 기니아의 표고(標高) 1,200~2,000m에서 원종을 채집.

재 배 *적지* 햇빛이 잘 들고 반그늘진 곳으로 습기가 적당하고 배수가 좋은 유기물이 있는 양토.

이식 식재거리 30~45cm.

병충해 별로 없다.

번식 꺾꽂이.

조 경 화단, 경재화단, 용기식재, 실내식물. 잎이 아름답고 꽃이 보석과 같이 빛난다.

학 명 *속명* 참을 수 없는.

종명 뉴기니아 교잡의.

재배변종 'Pectra Hybrid Mixed' : 높이 30~45cm이고 녹색, 청동색 잎이거나 얼룩무늬가 있고 흰색, 분홍, 빨강, 복숭아빛, 주황, 라벤더빛, 보라빛 등이 있다.

월라리아나 봉선화

봉선화-과

Impatiens walleriana
(im-pa'shi-enz wo-la-ri-a-na)

Patience Plant,
Patient Lucy,
Busy Lizzie,
Sultana

크 기 높이 15~50cm로 자란다. 자생지에서는 여러해살이 식물이지만 한국에서는 한해살이 화초로 취급된다.

형 태 *잎* 어긋나며, 피침형으로 녹색 또는 청동색이고 , 톱니가 있으며, 끝이 뾰족하다.

꽃 가지를 많이 치며 그 끝에 5cm 크기의 꽃이 늦봄부터 서리가 내릴 때까지 계속 핀다. 흰색, 분홍, 빨강, 주황, 라벤더빛 등이 있고 홑꽃 또는 겹꽃으로 핀다.

개화기 6~10월.

자생지 중앙 아프리카(탄자니아, 모잠비크).

재 배 *적지* 반그늘 또는 완전한 그늘로 습기가 있고 배수가 좋으며 유기물이 있는 사양토

이식 식재거리 15~20cm, 멀칭을 해주고 가물면 관수를 한다.

병충해 별로 없다.

번식 실생번식, 꺾꽂이.

소 경 그늘진 곳의 화단, 경재화단, 용기식재, 교목이나 관목 아래에 집단식재, 창가 꽃상자, 바구니 걸이.

학 명 *속명* 참을 수 없는.

종명 중앙 아프리카에서 선교사 활동을 한 호레이스 월러(Horace Waller ; 1706~1757)를 기념한.

재배변종 'Nana' : 키가 작게 자란다.

'Vanegata' : 잎에 흰반점이 있다.

물망초

지치-과

Myosotis sylvatica
(mi-o-so'tis sil-vat'i-ka)

Forget-Me-Not

크 기 높이 30~45cm, 포기 20~25cm로 자라며 지역에 따라 한해살이, 두해살이 또는 여러해살이 화초가 된다.

형 태 *잎* 긴 타원형으로 길이 8~12cm이고 거친 털이 나 있다.

꽃 꽃은 매우 작으나(8mm) 취산화서를 이루며 하늘색, 흰색, 분홍색 등의 아름다운 빛깔의 꽃들이 봄부터 초여름까지 핀다.

개화기 5~7월.

자생지 유럽(특히 영국).

재 배 *적 지* 부분적으로 그늘진 곳의 습기가 있고 배수가 잘 되는 곳으로 유기질이 풍부한 알칼리성 토양.

이 식 가을에 파종한 것은 잎이 2~3개일 때 온상에서 옮겨 월동한 후 봄화단에 장식하고, 봄 파종은 잎이 4~5개일 때 정식한다. 식재거리 20~25cm 병충해 별로 없다.

번 식 실생번식. 추파(秋播)는 이듬해 4월에, 춘파(春播)는 7월에 핀다. 종자 수명은 2년, 발아일수는 15일, 종자는 작고 발아율은 좋다. 자연발아도 잘 된다.

조 경 그늘진 정원의 화단, 관목 밑에 지피식물, 봄에 피는 알뿌리 화단에 어울리는 빛깔을 낸다.

학 명 *속 명* 그리스어 myos(생쥐)와 otis(귀)의 합성어로 잎이 짧고 부드러운데서 유래.

종 명 숲속에 사는.

재배변종 'Blue Ball' : 높이가 15cm이고 하늘빛 꽃이 치밀하게 핀다. 'Royal Blue'

스위트 아리섬

십자화-과

Alyssum maritimum (syn. _Lobularia maritimum_)
(a-lis'um ma-rit'i-mum lob-u-la'ri-a ma-rit'i-mum)

Sweet Alyssum

크 기 높이 10~20cm, 포기 25~30cm로 자라며 줄기가 여러 갈래로 갈라져 옆으로 퍼지고 온 몸에 흰털이 나 있다.

형 태 *잎* 어긋나며, 선형(線形)으로 좁고, 회녹색이다.
꽃 작은 꽃(6mm)들이 모여 산방화서를 이루며 여름부터 가을까지 한꺼번에 핀다. 온몸을 덮으며 흰색 또는 분홍, 보라빛 꽃이 피며 향기가 있다.
개화기 8~10월.

자생지 유럽의 지중해 연안, 서부 아시아.

재 배 *적지* 햇빛이 잘 들고(한여름에는 반그늘) 배수가 잘 되는 곳이면 어느 곳이나 잘 자란다.
이식 식재거리 20cm.
병충해 별로 없다.
번식 실생번식, 꺾꽂이, 4월 초에 파종한다. 또한 가을(9월)에 파종하여 육묘도 한다. 종자 수명 2년이며 자연발아도 잘 된다.

조 경 화단, 경재화단, 테두리 식재, 용기식재, 창가 꽃상자, 바구니 걸이.

학 명 *속명* 그리스의 식물 이름.
종명 바닷가의, 해안의.
재배변종 'Carpet of Snow' : 높이 10cm이고 순백색 꽃이 핀다.
'Royal Carpet' : 높이 10cm이고 보라빛 꽃이 핀다.
'Rosie O'Day'

꽃 양배추

십자화-과

Brassica oleracea
(bras'i-ka o-le-a'se-a)

Flowering Cabbage,
Ornamental Cabbage

크 기 높이 30~45cm, 포기 45cm로 자라며 두해살이이지만 한국에서는 한해살이 화초로 취급된다.

형 태 *잎* 저온이 되면 로제트형(rosette ; 장미형)의 가운데 잎 빛깔이 적자, 담적, 등황, 흰색 등으로 변한다. 다만 가장자리 잎은 녹색이다.

꽃 이듬해 봄에 피지만 꽃은 그리 중요하지 않다.

개화기 5~6월(관상가치는 없다.).

자생지 유럽.

재 배 *적지* 햇빛이 잘 들거나 약간 그늘진 곳으로 배수가 좋아야 한다. 흰색 계통은 추위에 약하다.

이식 식재거리 30~40cm로 깊게 파고 심는다.

병충해 흰나비 애벌레.

번식 실생번식, 발아온도 10~15℃, 종자 수명 1~2년, 6월 중순경에 파종한다.

조 경 화단, 경재화단, 용기식재, 윈도 꽃상자.

학 명 *속명* 겔트어로 양배추(bresic)에서 유래.

종명 식용의.

재배변종 'Cherry Sundae Mixed' : 흰색, 핑크 또는 보라빛 무늬가 있다.

클레오메 (거미꽃)

풍엽초-과

***Cleome spinosa* (syn. *C. pungens*, *C. hassleriana*)**
(kle-o'me spi-no'sa)

Spider Flower

크 기 　높이 90~120cm, 포기 45cm로 자라며 분지가 잘 되고 끈끈한 단모(短毛)가 온몸에 나며 냄새를 풍긴다.

형 태 　*잎* 　장상복엽(掌狀複葉)으로 소엽은 5~7개이고, 소엽은 타원 모양의 피침(披針)형으로 작은 잎자루는 길고 기부에 턱잎 모양의 가시가 있다.

꽃 　줄기 끝에 총상화서로 달리며 크기는 20cm, 꽃잎은 4장이고 담홍색 또는 흰색의 꽃이 7월부터 서리가 내릴 때까지 핀다. 수술은 4개인데 청자색으로 꽃잎의 2~3배로 길게 나오고 삭과(蒴果)는 10cm로 길게 자란다.

개화기 　7~10월.

자생지 　남 아메리카(브라질, 아르헨티나), 서인도.

재 배 　*적지* 　햇빛이 잘 들고 배수 잘 되며 유기질이 풍부해야 잘 자라고 건조에 견딘다.

이식 　식재거리 30cm, 직근성(直根性)이어서 이식은 싫어한다.

병충해 　별로 없다.

번식 　실생번식. 늦은 봄이나 한여름에 직파한다. 자연발아가 잘 된다.

조 경 　화단, 경재화단에서 배경식재, 주택정원, 용기식재.

학 명 　*속명* 　그리스어 kleio(닫힌)에서 유래.

종명 　가시가 있는.

꽃-댑싸리

명아주-과

Kochia scoparia* for. *trichophylla
(ko'ki-a sko-pa'ri-a fər tri-ko-fi-la)

Summer Cypress,
Burning Bush,
Fire Bush

크 기 높이 90~120cm, 포기 60cm로 자라며 잔가지와 잎이 무성하며 치밀하게 자라 타원형을 이룬다.

형 태 *잎* 선형으로 잎은 녹색인데 가을이 되면 붉은색으로 물든다.

꽃 초가을에 줄기에 달리는데 크기가 매우 작다.

개화기 9월. 꽃보다 형태에 관상가치가 있다.

자생지 유럽 남부.

재 배 *적지* 햇빛이 잘 들고 배수가 좋아야 하며 토양은 가리지 않는다. 바람 부는 곳에서는 지주를 세워준다.

이식 식재거리 60cm, 산울타리 식재에서는 30cm 간격으로 심는다.

병충해 별로 없다.

번식 실생번식, 자연발아가 잘 된다.

조 경 화단, 경재화단에서 배경식재, 강조식재, 산울타리.

학 명 *속명* 독일의 식물학자 빌헬름 데니어 요제프 코흐(William Danier Joseph Koch ; 1771~1849)를 기념.

종명 비 모양의.

품종명 잎에 털이 있는.

아제라텀 [풀솜꽃]

국화-과

Ageratum houstonianum

(a-jer'a-tum hos-to'nia-num)

Floss flower,
Common Ageratum

크 기 높이 15~20cm, 포기 15~20cm로 자라고 가지를 많이 치며 온몸에 털이 있다.

형 태 *잎* 심장형으로 톱니가 있고 엷은 녹색이며 털이 나 있다.

꽃 잎 겨드랑이에서 꽃자루가 나와 산방화서로 두상화가 달리고 보라빛, 흰빛의 꽃이 초여름부터 서리가 내릴 때까지 핀다. 한여름에는 꽃이 작아졌다가 서늘하면 다시 커진다.

개화기 7~10월.

자생지 멕시코, 페루.

재 배 *적지* 햇빛이 잘 들거나 반그늘 진 곳으로 배수가 잘 되고 유기물이 풍부한 토양이 좋다.

이식 식재거리 30cm.

병충해 별로 없다.

번식 실생번식, 꺾꽂이. 파종은 4월 상순, 종자 수명 2~3년, 발아온도 15~20℃, 발아일수는 10~14일.

조 경 화단, 경재화단, 화단의 테두리 식재, 용기식재, 절화.

학 명 *속명* 그리스어 a(없는)와 geras(노년)의 합성어로 꽃이 계속 피는데서 유래.

종명 houston씨를 기념한.

재배변종 'Blue Danube' : 높이 15~20cm이고 라벤더 빛의 꽃이 핀다.

'Summer Snow' : 흰꽃이 핀다.

'Blue Angel', 'Lilac Angel', 'Blue Blazer',

'White Angel', 'Blue Mink' 등이 있다.

악토티스

국화과

***Arctotis × hybrida* (syn. *Venidio-arctotis*)**
(ark-to'tis hib'ri-da)

African Daisy(U.K.),
Aurora Daisy

크 기 높이 30~60cm, 포기 30cm로 자라며 줄기와 잎에 털이 있다.

형 태 *잎* 뿌리에서 무더기로 나오며 회녹색을 띠고 도란형(倒卵形)으로 톱니가 있다.

꽃 꽃자루가 길고 데이지 꽃 모양의 두상화가 달리며 크기는 10cm 정도이다. 설상화(舌狀花)는 길며 노랑, 흰색, 분홍, 적갈색, 빨강 빛깔 등 다양하다. 관상화(管狀花)는 암갈색이고 7월부터 서리가 내릴 때까지 핀다.

개화기 7~10월.

자생지 원종은 아프리카 원산으로 교잡종이다.

재 배 *적지* 햇빛이 잘 들고 배수가 좋은 곳. 토양은 가리지 않고 잘 자란다.

이식 식재거리 30cm, 높이가 120cm일 때 정식하면 가지가 많이 퍼진다.

병충해 진딧물, 잿빛 곰팡이병(습한 토양에서).

번식 실생번식, 종자 수명 5~6년, 발아온도 18℃, 발아일수는 20일, 자연발아가 잘 된다.

조 경 화단, 경재화단, 절화.

학 명 *속명* 그리스어 arktos(곰)와 ous(귀)의 합성어로 종자의 관모에서 유래.

종명 교잡의.

재배변종 많이 있다.

카카리아

국화-과

***Cacalia sagitta* (syn. *Emilia sagitta*)**
(ka-ka-lia saj-i-ta e-mil'ia saj-i-ta)

Tassel Flower,
Flora's Paintbrush

크 기 높이 30~50cm, 포기 20cm로 자라며 곧게 선다.

형 태 *잎* 어긋나며, 피침형의 긴 타원 모양이다. 톱니가 있고 줄기 위쪽에 있는 잎은 줄기를 감싸고 아래쪽의 잎은 잎자루가 있고 밀생한다.

꽃 줄기 끝에 단생하거나 또는 산방화서로 여름부터 늦가을까지 달리며 빛깔은 등황색이다.

개화기 7~10월.

자생지 인도의 동부, 열대 아프리카, 폴리네시아.

재 배 *적지* 햇빛이 잘 들고 배수가 좋은 양토.

이식 식재거리 20cm.

병충해 별로 없다.

번식 실생번식, 발아온도 16~19℃.

조 경 화단, 경재화단, 용기식재, 절화.

학 명 *속명* 그리스의 옛 이름(인명 Emil씨의).

종명 화살촉 모양의, 쐐기 모양의(잎의 모양에서).

그밖의종 *Emilia javanica* : 높이 30~60cm이고 빨강, 심홍색 꽃이 핀다.

과꽃

국화-과

Callistephus chinensis
(ka-lis'te-fus chi-nen'sis)

China Aster

크 기	높이 60cm, 포기 30～45cm로 자라며 가지를 잘 친다.	
형 태	잎	어긋나며, 난형으로 톱니가 있고 녹색이다.
	꽃	청자색, 분홍, 흰색의 설상화가 1～2줄로 가장자리에 나고 가운데에는 노란색의 관상화로 이루어진다. 크기는 12～15cm이고 겹꽃 또는 홑꽃이 늦여름에 핀다.
	개화기	9～10월.
자생지	한국의 북부(혜산진, 부전고원), 만주, 티벳, 아프카니스탄.	
재 배	*적지*	햇빛이 잘 들고 배수가 잘 되는 사양토에서 잘 자란다. 멀칭해서 습도를 유지해 주고 산성토양에서는 석회를 뿌려 토양을 개량한다. 비가 적은 서늘한 기후를 좋아한다.
	이식	식재거리 30cm.
	병충해	연작을 피한다.
	번식	실생번식, 4월 중순 파종, 발아온도 20℃, 발아일수 9일, 발아율 86%, 자연발아가 잘 된다.
조 경	화단, 경재화단, 플랜터 식재, 절화.	
학 명	*속명*	그리스어 callos(아름다운)와 stephos(화관)의 합성어로 꽃이 아름다운데서 유래.
	종명	중국의.
	재배변종	'Princes' : 꽃이 크다. 'King' : 가지를 많이 친다. 'Seven Dwarfs' : 높이가 낮게 자란다.

코레옵시스

국화-과

Coreopsis tinctoria
(ko-re-op'sis tink-to'ri-a)

Calliopsis,
Golden Coreopsis

크 기 높이 60cm, 포기 30cm 정도로 자라고 줄기는 곧게 서며 가지를 잘 친다.

형 태 *잎* 어긋나며, 줄기 아래쪽 잎은 잎자루가 없는 둥근 난형이며, 위쪽 잎은 잎자루가 있는 날개 모양으로 갈라진 선형(線形)이다.

꽃 꽃자루가 길며 크기는 5cm로 설상화는 8개이며 녹황색인데 밑부분은 암자색 또는 자갈색이고 끝이 다섯 갈래로 갈라졌고, 관상화는 황갈색 또는 암자색이다.

개화기 7~10월.

자생지 북 아메리카 텍사스.

재 배 *적지* 햇빛이 잘 들고 배수가 좋은 곳에서 잘 자라며, 토질은 가리지 않으며 공해지역에서 강하다.

이식 식재거리 30cm.

병충해 별로 없다.

번식 실생번식, 종자 수명 2~3년, 발아일수 20일, 자연발아도 잘 된다.

조 경 화단, 경재화단, 자연풍경 꽃밭, 절화, 용기식재.

학 명 *속명* koris(빈대)와 opsis(닮은)의 합성어로서 씨 모양에서 유래.

Á¾¸í 염색용의, 염료의.

재배변종 'Nana' : 키가 작고 겹꽃으로 핀다.

코스모스

국화-과

Cosmos bipinnatus
(kos'-mos bi-pin-a'tus)

Common Cosmos,
Garden Cosmos

크 기	높이 90~120cm, 포기 40cm로 자라며 줄기에서 가지가 잘 퍼진다.	
형 태	*잎*	마주나며, 2회 우상복엽으로 좁은 선형 또는 실 모양의 잎을 이룬다.
	꽃	꽃잎은 6~8장으로 흰색, 분홍, 연분홍 빛깔 등의 설상화가 핀다. 가운데의 관상화는 노랗고 꽃밥은 진한 갈색이다.
	개화기	9~10월.
자생지	멕시코.	
재 배	*적지*	햇빛이 잘 들고 배수가 잘 되는 곳이 좋으나 척박지에서도 잘 자란다. 비옥하면 높이만 크고 꽃은 덜 핀다.
	이식	식재거리 40cm.
	병충해	흰가루병, 응애.
	번식	실생번식, 꺾꽂이, 발아온도 16℃, 자연발아가 잘 된다.
조 경	화단, 경재화단, 자연풍경 꽃밭, 용기식재, 부케, 절화.	
학 명	*속명*	그리스어 kosmos(아름다운)에서 유래.
	종명	2회 우상의.
	재배변종	'Sensation Mixed' : 높이 90~120cm 홑꽃이다. 'Mammoth Single' 'Bright-lights' (겹꽃) 'Alba'

노랑 코스모스

국화-과

Cosmos sulphureus
(kos'mos sul-fu're-us)

Yellow Cosmos,
Klondike Cosmos

크 기 높이 60~90cm, 포기 45cm로 자란다.

형 태 *잎* 마주나며, 우상복엽으로 깊게 갈라지고 진한 녹색이다.

꽃 가는 줄기 끝에 7cm 크기의 두상화가 데이지꽃 모양으로 홑꽃 또는 겹꽃이 늦여름부터 서리가 내릴 때까지 핀다. 빛깔은 노랑, 주황, 붉은색 등이 있고, 설상화는 8개인데 끝의 3개가 이빨 모양이며 가운데 꽃은 노랑색인데 꽃밥은 검고 그 끝은 등황색이다.

개화기 9~10월.

자생지 멕시코.

재 배 *적지* 햇빛이 잘 들고 배수가 잘 되는 토양.

이식 식재거리 30cm.

병충해 별로 없다.

번식 실생번식, 직파도 한다. 자연발아가 잘 된다.

조 경 화단, 경재화단, 용기식재.

학 명 *속명* 그리스어 kosmos(아름다운)에서 유래.

종명 노랑의.

재배변종 'Bright Lights Mixed' : 높이는 90cm 반겹꽃으로 빨강, 주황, 노랑 등의 꽃이 핀다.

'Sunny Red' : 높이 30cm이고 심홍색 꽃이 핀다.

디몰훠테카 [아프리카 데이지]

국화-과

Dimorphotheca aurantiaca
(di-mor-fo-the'ka a-ran-ti-a'ka)

Africa Daisy,
Cape Daisy,
Cape Marigold,
Star of Velvet

크 기 높이 20cm, 포기 15cm로 자라며 둥글고 조밀하다.

형 태 *잎* 어긋나며, 잎이 갈라지고 톱니는 없다.

꽃 두상화는 정생(頂生)하며 4～6cm 크기이다. 데이지 모양의 꽃은 흰색, 노랑, 주황, 분홍 등의 빛깔이 있고 꽃 가운데 관상화는 검은 빛이다.

개화기 8～9월.

자생지 아프리카 남부.

재 배 *적지* 햇빛이 잘 들고 배수가 좋은 양토.

이식 식재거리 20cm.

병충해 별로 없다.

번식 실생번식, 직파도 가능하다.

조 경 화단, 경재화단, 테두리 식재, 암석정원.

학 명 *속명* 2개의 수과가 있는.

종명 등황색의.

그밖의종 *D. pluvialis* (Cape Marigold) : 높이는 40cm로 자란다. 꽃 크기는 6cm이고 관상화는 흰색이고 설상화는 주황빛이다.

D. sinuata : 높이는 30cm로 자란다. 설상화는 흰빛으로 밑에는 노란빛을 띠며 관상화는 황금색이다.

가일라디아 (천인국)

국화-과

Gaillardia pulchella
(gai-lar'dia pul-kel'a)

Blanket Flower

크 기	높이 30~60cm, 포기 30~60cm로 자란다.	
형 태	*잎*	어긋나며, 긴 타원형 또는 피침형으로 길이 10cm이다. 줄기 아래쪽의 잎은 끝이 넓어지고 우상(새의 깃 모양)으로 갈라지며 줄기 위쪽의 잎은 잎자루가 없고 넓은 피침형이다.
	꽃	가지 끝에 5cm 크기의 두상화가 달린다. 설상화의 빛깔은 두 가지인데, 끝부분은 노랗고 밑부분은 황갈색이며 끝이 갈라진다.
	개화기	7~10월.
자생지	미국의 중부와 남부(캔사스, 아리조나, 루이지애나).	
재 배	*적지*	햇빛이 잘 들고 배수가 잘 되는 곳에서 잘 자란다.
	이식	식재거리 30cm.
	병충해	흰가루병.
	번식	실생번식, 자연발아가 잘 되어 직파한다. 생육 적온 20℃.
조 경	화단, 경재화단, 절화.	
학 명	*속명*	프랑스의 식물학자 Gaillard를 기념.
	종명	라틴어 pictus(그림의 색칠한)에서 유래.
	재배변종	'Gaicty Mixed' : 높이 60cm이고 겹꽃은 노랑, 빨강, 주황 등의 겹빛깔이다.
그밖의 종	*G. aristata* : 높이 1m로 자라며 설상화는 노랑빛이고, 관상화는 적갈색이다.	

해바라기

국화-과

Helianthus annuus
(heli-an'thus an'u-us)

Common Sunflower, Annual Sunflower

크 기	높이 90∼240cm, 또는 그 이상으로 자라고 포기 30∼45cm이다. 줄기는 곧게 자라고 튼튼하며 꼭대기에서 몇 개의 가지를 친다.	
형 태	*잎*	어긋나며, 난형으로 잎자루가 길고 끝은 날카롭고 엉성한 톱니가 있으며 털이 나 있다.
	꽃	30cm 크기의 두상화가 줄기 끝에 달린다. 꽃은 옆으로 향해서 피는데 설상화는 중성이고 많이 피며 노랗고, 가운데 피는 관상화는 양성이고 다갈색이다.
	개화기	8∼9월.
자생지	미국(미네소타, 텍사스, 워싱턴, 캘리포니아 등).	
재 배	*적지*	햇빛이 잘 들고 배수가 좋은 곳.
	이식	식재거리 30∼40cm.
	병충해	잿빛 곰팡이병.
	번식	실생번식.
조 경	경재화단에서 뒤쪽에 식재, 배경식재, 부케, 절화.	
학 명	*속명*	그리스어 helios(태양)와 anthos(꽃의)의 합성어로 태양을 닮은데서 유래.
	종명	한해살이의.
	재배변종	'Music Box Mixed' : 75cm 크기이고 분홍, 노랑, 그림색의 꽃이 핀다. 'Purpureus'

헬리크리섬 (밀집꽃)

국화-과

Helichrysum bracteatum
(hel-i-kri'sum brak-te-a'tum)

Straw Flower,
Everlasting

크 기 높이 60~90cm, 포기 30cm로 자라며 줄기는 곧게 서고 단단하며 아래쪽에는 가지가 잘 펴진다.

형 태 *잎* 어긋나며, 긴 타원 모양의 피침형인데 줄기 아래쪽은 도란형의 긴 원형이다.

꽃 줄기 끝에 5cm 크기의 두상화가 달리며 노랑, 주황, 분홍 등의 빛깔이 있고 한여름에서 서리가 내릴 때까지 핀다. 규산질을 지녀서 바삭바삭하다.

개화기 8~10월.

자생지 오스트레일리아.

재 배 *적지* 햇빛이 잘 들고 배수가 좋은 토양.

이식 식재거리 25~30cm.

병충해 별로 없다.

번식 실생번식, 직파도 한다. 발아온도 25℃, 재배온도 20~ 25℃.

조 경 화단, 경재화단, 절화, 용기식재, 부케, 말린꽃, 개화기가 길다.

학 명 *속명* 그리스어 helios(태양)와 chrysos(금)의 합성어로 황금색의 꽃에서 유래.

종명 포(苞)의.

재배변종 ‘Monstrosum’ : 큰꽃이 달린다.

아프리카 마리골드

국화-과

Tagetes erecta
(ta-ge'tez e-rek'ta)

African Marigold,
Aztec Marigold,
American Marigold

크 기 높이 60~90cm, 포기 45cm로 자라며 줄기는 곧게 서고 가지가 잘 퍼진다.

형 태 *잎* 어긋나는데 간혹 마주나며 새 깃 모양(羽狀)으로 갈라지고 각 열편은 긴 타원형으로 톱니가 있고 냄새가 난다.

꽃 가지 끝에 두상화가 한 송이씩 달린다. 설상화는 연노랑빛이고 꽃잎은 넓고 5cm 크기로 데이지 모양의 꽃이 7월부터 서리가 내릴 때까지 핀다.

개화기 7~10월.

자생지 멕시코.

재 배 *적지* 햇빛이 잘 들고 배수가 잘 되는 곳으로 건조한 토양에서 잘 자란다. 저녁 햇빛이 그늘진 곳에서는 꽃이 오래 가고 건조에 잘 견딘다.

이식 식재거리 40cm.

병충해 습한 곳에서는 잿빛 곰팡이병이 발생.

번식 실생번식, 생육적온 15~25℃.

조 경 화단, 경재화단, 용기식재, 절화, 꽃 산울타리.

학 명 *속명* 그리스 신화에 나오는 Etruna(고대 이탈리아 중앙에 있던 국가)의 아름다운 신 Taget에서 유래.

종명 곧게 서는.

재배변종 'Jubilee'
'Golden Girl'
'African Queen'

프랑스 마리골드

국화-과

Tagetes patula
(ta-ge'tez pat'u-la)

French Marigold

크 기 높이 30cm, 포기 30cm로 자라며 가지를 많이 쳐서 치밀하게 자란다.
형 태 *잎* 어긋나거나 또는 마주나고, 우상으로 깊게 갈라지고 냄새가 난다.
꽃 가지 끝에서 나오는 두상화는 3~5cm 크기이고 설상화의 끝부분은 적갈색이고 밑부분은 노란색이며 6월부터 서리가 내릴 때까지 핀다.
개화기 6~10월.
자생지 멕시코, 과테말라.
재 배 *적지* 햇빛이 잘 들고 배수가 좋은 곳.
이식 식재거리 30cm.
병충해 잿빛 곰팡이병.
번식 실생번식.
조 경 화단, 경재화단, 용기식재.
학 명 *속명* 그리스 신화에 나오는 Etruna의 아름다운 신 Taget에서 유래.
종명 퍼지는.
재배변종 'Tiger Eyes' : 황금색이고 가장자리 꽃잎은 적황색이다.
'Queen Sophia' : 꽃잎 빛깔은 적황색이며 가장자리는 노랗다.
'Cinnabar', 'Honeycomb', 'Gypsy',
'Petite Orange', 'Freckle', 'Face' 등등

티토니아 (멕시코 해바라기)

국화-과

Tithonia rotundifolia
(ti-tho'ni-a ro-tun-di-fo'li-a)

Mexican Sunflower,
Torch Flower

크 기 높이 1.2~1.8m, 포기 45~60cm의 원추형으로 곧게 자란다.

형 태 *잎* 어긋나며, 넓은 난형으로 끝은 뾰족하고 기부는 세 갈래로 갈라지고 톱니가 있다. 회녹색으로 벨벳 같은 질감을 낸다.

꽃 줄기 끝에 두상화가 정생한다. 5~7cm 크기이고 설상화는 적황색이고 관상화는 황금색으로 여름 내내 핀다.

개화기 8~9월.

자생지 멕시코, 중앙 아메리카.

재 배 *적지* 햇빛이 잘 들고 배수가 좋으며 유기물이 많은 토양. 고온과 가뭄에 잘 견딘다.

이식 식재거리 40~50cm.

병충해 별로 없다.

번식 실생번식, 직파도 한다. 발아온도 10~15℃, 종자는 매우 크다.

조 경 꽃가리개 (flowering screen). 꽃 산울타리, 화단이나 경재화단 등에서 강조식물 또는 배경식물, 용기식재, 부케.

학 명 *속명* 그리스 신화에 나오는 여신 오로라(Aurora)의 애인 티톤(tithon)에서 유래.

종명 둥근 잎의.

재배변종 'Torch' : 높이 1.2~1.8m이고 오렌지 빛의 꽃이 핀다.
'Yellow Torch' : 높이 1.2m이고 황금색 꽃이 핀다.

백일초 [백일홍]

국화-과

Zinnia elegans
(zin'i'-a el'e-ganz)

Common Zinnia,
Youth-and-Old Age

크 기 높이 60~90cm, 포기 30~60cm로 자라며 왜생종은 15~30cm, 고생종은 90~120cm로 자란다. 줄기는 곧게 서고 온몸에 털이 난다.

형 태 *잎* 마주나고 잎자루가 없으며 타원형 또는 심장형으로 줄기를 감싼다.

꽃 가지 끝에 두상화가 달리며 크기는 6cm이다. 설상화는 넓고 자주색 또는 포도색이며, 관상화는 노란색이나 원예종에 따라 빛깔이 다양하다.

개화기 6~10월.

자생지 멕시코.

재 배 *적지* 햇빛이 잘 들고 배수가 좋으며 유기질이 풍부하고 건조한 토양에서 잘 자라며, 꽃 빛깔이 선명하다. 산성 토양에서는 생육이 부진하다.

이식 식재거리 30cm, 고생종은 50cm, 왜생종은 15cm.

병충해 풍뎅이, 흑반병, 흰가루병.

번식 실생번식, 발아온도 20~25℃, 생육적온 15~25℃.

조 경 화단, 경재화단 등에서 집단식재, 용기식재, 왜생종은 테두리 식재, 고생종은 배경식재.

학 명 *속명* 독일의 식물학자이고 괴팅겐 대학교수 요한 갓프리드 진(Johann Gottfried Zinn)이 멕시코에서 야생 원종을 발견한 것을 기념한 것.

종명 우아한, 아름다운.

재배변종 'Dreamland Mixed' : 높이 30cm 겹꽃이다.

'Pinwheel Mixed' : 높이 30cm 홑꽃이다. 흰색, 분홍, 주황색이 핀다.

'Cut and-Come-Again Mixed' : 높이 60cm이다.

'Cactus Flowers Mixed' : 높이 90cm이고 꽃은 12cm 크기이다.

나팔꽃

메꽃-과

Ipomoea tricolor
(ip-o-me'a tri'kul-er)

Morning Glory,
Moon flower,
Cardinal Climber

크 기	덩굴식물로 길이 2.4m 이상 자라며 다른 물체를 왼쪽으로 감아 올라 간다.	
형 태	*잎*	어긋나며, 얇게 세 갈래로 갈라지는 게 보통이고 털이 잎몸과 잎자루에 난다.
	꽃	꽃자루가 잎 겨드랑이에서 나와서 그 끝에 1~3개의 꽃이 핀다. 화관은 통꽃으로 깔대기 모양인데 빛깔은 남색, 보라, 빨강 등이 있고 크기가 12.5cm나 된다. 이른 아침에 피었다가 낮이면 시든다. 개화기는 6~10월로 온도가 낮에는 30℃, 밤에는 25℃가 1주일 이상 계속되어야 꽃이 핀다.
	개화기	6~10월.
자생지	열대 아시아.	
재 배	*적지*	햇빛이 잘 들고 배수가 잘 되는 사양토.
	이식	잎이 4~5개일 때 식재거리 30cm 이상으로 식재.
	병충해	진딧물, 응애, 온도 부족과 마그네슘이 결핍되면 생리적 장애로 어린잎이 기형이 되거나 희게 된다.
	번식	실생번식, 발아온도 25℃, 발아기간 7일, 5월 중순경 노지에서 파종한다. 파종전 하룻밤 동안 씨를 물에 담근다.
조 경	그늘을 위한 가리개, 프라이버시를 위한 가리개, 트렐리스, 섶 울타리, 담장 등에 얹는다.	
학 명	*속명*	그리스어 ipos(감사벌레)와 homoios(비슷한)의 합성어로 다른 물체를 감아서 올라간다.
	종명	세 가지 빛깔의.
	재배변종	'Heavenly Blue' : 보라빛 꽃으로 가운데는 흰색이다.

누홍초

메꽃-과

Ipomoea cardinalis
(Ip-o-me'a kar-di-na'lis)

Cardinal Climber

크　기	덩굴식물로 길이 6m 정도로 자란다.	
형　태	*잎*	어긋나고 종류에 따라 심장형, 장상형(掌狀形), 우상복엽 등이 있으나 누홍초는 우상복엽으로 소엽은 선형이다.
	꽃	꽃자루가 잎 겨드랑이에서 길게 나와 2~3개로 갈라져서 꽃이 달리는데, 깔대기 모양으로 크기는 4cm 정도이고 심홍색으로 핀다. 시든 잎을 따 주면 계속 핀다.
	개화기	7~10월.
자생지	열대 아프리카.	
재　배	*적지*	햇빛이 잘 들고 배수가 좋은 비옥한 토양.
	이식	식재거리 30cm 이상.
	병충해	진딧물, 응애, 온도 부족, 마그네슘이 결핍되면 잎이 기형이 되거나 희게 된다.
	번식	실생번식, 꺾꽂이, 파종은 5월 중순, 발아온도 18℃.
조　경	화단, 트렐리스, 담장, 섶 울타리, 창가 꽃상자 등에 심는다.	
학　명	*속명*	그리스어 ipos(감자벌레)와 homoios(비슷한)의 합성어로 다른 물체에 붙어서 올라간다.
	종명	심홍색의.

살비아

꿀풀-과

Salvia splenden
(sal'via splen'den)

Scarlet Sage

크 기	높이 30~60cm, 포기 30cm로 자란다. 자생지에서는 반관목이나 온대지방에서는 한해살이 화초이다. 줄기는 네모지고 밑줄기는 목질화되며 분지를 잘 한다.	
형 태	*잎*	어긋나며, 잎자루는 길고 난형으로 톱니가 있고 밝은 녹색이다.
	꽃	줄기 끝에 수상화서가 나와 종 모양의 꽃이 달린다. 꽃 빛깔은 빨강이지만 흰색, 분홍, 보라 등도 있다. 7월부터 서리가 내릴 때까지 피는데 가을철에 더욱 아름답다.
	개화기	7~10월.
자생지	브라질.	
재 배	*적지*	햇빛이 잘 들고 배수가 좋은 비옥한 사양토.
	이식	식재거리 30cm.
	병충해	저온으로 생리적 장애가 일어날 수 있다.
	번식	실생번식, 종자 수명 2년, 발아일수 15일, 적심하면 가지를 잘 친다.
조 경	화단, 경재화단, 용기식재.	
학 명	*속명*	라틴어 Salvare(치료하다)에서 유래된 것으로, 이 속이 어느 종의 약용으로 쓴데서 유래.
	종명	화려한, 빛나는, 멋진, 근사한, 훌륭한.
	재배변종	'Bonfire' : 높이 60cm이고 심홍색 꽃이 핀다. 'Laser Purple' : 높이 30cm이고 보라꽃이 핀다. 'Blaze of Fire', 'Salmon Pigmy', 'White Fire', 'Purple Blaze', 'Tom Thumb' (왜생종)

코레우스

꿀풀-과

Coleus × hybridus
(ko'le'-us hib'ri-dus)

Coleus

크 기 높이 45cm, 포기 30cm 정도로 자란다. 자생지에서는 여러해살이이나 온대에서는 한해살이 화초이다. 줄기는 곧게 서며 밑줄기는 목질화되고 네모지며 분지를 잘한다.

형 태 *잎* 마주나며, 난형으로 길이 15cm, 너비 6cm이고 톱니가 있다. 빛깔은 녹색, 붉은색, 담황색 등 두 개 이상이 섞인다.

꽃 줄기 끝에서 긴 총상화서가 나와 작은 꽃이 달리는데 화단에서는 발육하기 전에 제거한다.

개화기 꽃은 관상가치가 없다.

자생지 원종은 자바에서 채취하였고 대부분 교잡종이다.

재 배 *적지* 간접광선이나 반그늘진 곳, 습기가 있고 배수가 잘 되는 비옥한 곳에서 잘 자란다.

이식 식재거리 20~30cm.

병충해 별로 없다.

번식 실생번식, 발아온도 25℃, 발아기간 10일, 온상에서 파종하며 꺾꽂이도 잘 된다.

조 경 화단, 경재화단, 실내식물, 용기식재.

학 명 *속명* 그리스어 koleos(깍지)는 수술의 모양에서 유래.

종명 교잡종의.

재배변종 'Rainbow Mixed' : 높이 50cm이고 다양한 빛깔이다.

미모사 [신경초]

콩-과

Mimosa pudica
(mi-mo'sa pu'di-ka)

Sentive Plant,
Humble Plant

크 기 높이 60cm, 포기 30cm 정도로 자란다. 자생지에서는 반관목성이나 온대지방에서는 한해살이 화초이다. 온몸에 털이 나고 가시가 줄기에 난다.

형 태 *잎* 어긋나며, 잎자루는 길고 우상복엽으로, 소엽은 선상 피침형이고 턱잎이 있다. 낮에 잎을 건드리면 소엽들이 마주 닫으며 잎자루가 내려가는 성질이 있다.

꽃 꽃자루가 잎 겨드랑이에서 나와 작은 꽃이 공 모양의 두상화서를 형성한다. 꽃은 두해 이상 묵은 포기에서 나오고 분홍색 빛깔이다.

개화기 7～8월.

자생지 브라질.

재 배 *적지* 햇빛이 잘 들고 배수가 좋아야 한다. 토질은 가리지 않는다.

이식 식재거리 20～30cm, 직근성으로 이식을 싫어한다.

병충해 별로 없다.

번식 실생번식, 높은 온도에서 발아한다. 직파하는 것이 좋다.

조 경 화단, 용기식재.

학 명 *속명* 그리스어 mimos(흉내내다)에서 유래.

종명 오그라드는, 움츠리는.

분 꽃

분꽃-과

Mirablis jalapa
(mi-ra'bil-is jala-pa)

Four-O'clock,
Marvel-of-Peru

크 기 높이 60~90cm, 포기 60cm로 자란다. 줄기는 굵고 녹색이며 마디가 굵고 가지를 많이 친다. 자생지에서는 여러해살이지만 온대에서는 한해살이 화초이다.

형 태 *잎* 마주나며, 넓은 심장형이고 끝이 뾰족하다.

꽃 3~6개씩 취산화서를 만들고 깔때기 모양이다. 빛깔은 빨강, 노랑, 흰색이 있다. 노랑 바탕에 붉은 줄무늬가 있는 것도 있으며 오후 4시에 피어 다음날 아침까지 피고 향기가 있다. 흐린 날이나 저온에서 꽃이 피는 경우가 더러 있다.

개화기 7~10월.

자생지 열대 아메리카, 페루.

재 배 *적지* 햇빛이 잘 들고 배수가 좋은 사양토에 잘 자란다. 배수가 안 되면 생육이 부진하다.

이식 식재거리 30~45cm.

병충해 진딧물, 병해에 잘 견딘다.

번식 실생번식, 종자 수명은 3~5년, 발아일수 7~8일.

조 경 화단의 가운데, 경재화단, 용기식재, 정원에서 앉는 자리의 주변.

학 명 *속명* 라틴어 mirabilis(기묘한, 특이한)에서 온 것으로 일정한 시간에 꽃이 피는데에서 유래.

종명 멕시코의 마을 이름(jalapa)의.

양귀비

양귀비-과

Papaver somniferum
(pap-a'ver so'm-ni-fe'rum)

Opium Poppy,
Garden Poppy

크 기 높이 75cm, 포기 30cm로 자란다. 줄기는 곧게 서며 튼튼하고 위쪽으로 드문드문 가지를 친다.

형 태 *잎* 어긋나며, 긴 타원형 또는 난형이다. 길이 20~30cm이고 고르지 않은 결각이 있고 아래쪽 잎은 줄기를 감싼다.

꽃 줄기 끝에 단정화서로 달리며 하룻만에 떨어진다. 꽃봉오리는 아래로 향하다가 꽃 피기 직전에 위로 올라와 10cm 크기의 꽃이 핀다. 흰색, 빨강, 자주빛 등의 가지각색의 무늬가 있다. 노랑과 하늘색은 없다.

개화기 5~6월.

자생지 그리스, 동양.

재 배 *적지* 햇빛이 잘 들고 배수가 좋은 비옥한 양토.

이식 직근성이어서 이식은 피하고 일정한 거리로 솎아준다.

병충해 노균병.

번식 실생번식, 씨는 1mm 정도로 매우 작고, 종자 수명은 2~3년, 발아기간은 20일.

조 경 화단, 경재화단, 원래는 약용식물이나 흰꽃 중에서 꽃이 진 다음 2~3일 후 덜 여문 열매의 과피를 약하게 줄을 그어 상처를 내고 흘러나온 흰 즙을 상온에서 말린 것이 아편이다.

학 명 *속명* 라틴어 papa는 죽을 뜻하는데 양귀비 즙액을 죽에 섞어서 아이에게 먹여 잠을 재운 데서 유래.

종명 잠들은, 최면의.

캘리포니아 양귀비

양귀비-과

Eschscholzia californica
(esh-shol'zia kal-i-for-ni-ka)

California Poppy

크 기 높이 30~45cm, 포기 15~30cm로 자라며, 줄기는 곧게 서거나 또는 옆으로 퍼진다.

형 태 *잎* 잎자루가 길고 선형 또는 긴 타원형인데 우상으로 깊게 갈라지고 그 열편(裂片)은 선형이다.

꽃 줄기 끝에 컵 모양의 꽃이 달리며 크기는 5~7cm이고 담황색의 꽃이 피는데 그 외에 흰색, 주황, 담홍색 등도 있고 홑꽃과 겹꽃도 있다. 열매를 제거하면 꽃이 계속 핀다.

개화기 4~6월.

자생지 아메리카 서부 해안(캘리포니아, 오리건).

재 배 *적 지* 햇빛이 잘 들고 배수가 잘 되는 사양토.

이 식 직파하고 15cm거리로 솎아낸다.

병충해 별로 없다.

번 식 실생번식, 이른 봄에 화단에 직파하고 살짝 덮어준다. 자연발아도 잘 된다.

조 경 화단, 경새화단, 걸회, 암석정원, 용기식재, 야생풍경 꽃밭.

학 명 *속 명* 러시아의 식물학 교수 Johann. Friedrich. Eschscholz를 기념한 것.

종 명 자생지 캘리포니아의.

재배변종 'Alba', 'Ballerina'
'Crocea', 'Double Mixed'
'Rosea',
'Mission Bells'

아이슬랜드 양귀비

양귀비-과

Papaver nudicaule
(pap-a'ver nu-di-kɔ:l)

Iceland Poppy,
Shirley Poppy

크 기	높이 30~40cm, 포기 10~15cm로 자란다. 두해살이 식물이나 한해살이 화초로 다룬다.	
형 태	*잎*	로제트형으로 잎이 나오며 깊게 갈라지고 회녹색이다.
	꽃	길고 가는 꽃대가 나와서 꽃잎 4장인 사발 모양의 꽃이 핀다. 크기는 4~6cm이고 초여름에서 한여름까지 흰색, 분홍, 빨강, 노랑, 주황빛 등 다양하게 핀다.
	개화기	6~8월.
자생지	캐나다.	
재 배	*적지*	햇빛이 잘 들고 배수가 좋은 건조한 토양을 좋아하고, 뜨거운 기후에서는 생장이 나쁘다.
	이식	식재거리 10cm.
	병충해	별로 없다.
	번식	실생번식, 직파.
조 경	화단, 경재화단, 절화, 야생풍경화단, 말린꽃(열매).	
학 명	*속명*	라틴어의 옛 이름.
	종명	줄기가 노출된.
	재배변종	'Spring Song' 'Coonara' 'Artists Glory' 'Rimfire'

꽃 양귀비

양귀비-과

Papaver rhoeas
(pap-a'ver re'os)

Corn Poppy,
Field Poppy,
Flanders Poppy

크 기 　높이 60~90cm, 포기 15~20cm로 자란다.

형 태 　*잎* 　고사리 형태로 나오고 회녹색이다.

꽃 　꽃잎은 4장이고 크기는 5~10cm로 사발 모양으로 꽃이 피고, 빛깔은 흰색, 분홍, 빨강, 겹 빛깔 등 다양하고 홑꽃과 겹꽃이 있다.

개화기 　7~8월.

자생지 　유럽(플랭드르 : 현재 벨기에 서부, 네덜란드의 남서부, 프랑스 북부를 포함한 중세의 국가이름).

재 배 　*적지* 　햇빛이 잘 들고 배수가 잘 되는 토양.

이식 　직파한다.

병충해 　별로 없다.

번식 　실생번식, 가을이나 봄에 직파한다. 작은 씨를 토양 표면에 흩어 뿌리고 가볍게 덮어준다. 싹이 튼 후 15~20cm 거리로 솎아준다. 자연발아도 잘 된다.

조 경 　야생풍경 꽃밭, 화단에서 집단식재, 경재화단에서 뒤편에 식재.

학 명 　*속명* 　라틴어 옛 이름 papa는 죽을 가리킨는데 양귀비 유액에 체면 성분이 들어 있어서 아기를 잠재울 때 이유식에 섞어서 먹였다고 한다.

종명 　그리스의 양귀비 이름, 꽃이 석류(roia)와 비슷한데서 유래.

프록스

꽃고비-과

Phlox drummondii
(flocks dru'mond-ei)

Annual Phlox,
Drummond Phlox,
Texan Pride

크 기 높이 15~45cm, 포기 15~20cm로 자란다. 줄기는 곧게 서고 가지를 잘 치며 온 몸에 털이 나 있다.

형 태 *잎* 마주나는데 줄기 위쪽은 어긋난다. 피침형으로 잎 끝은 날카롭고 아래쪽은 줄기를 감싼다.

꽃 줄기 끝에 취산화서가 나와 꽃이 조밀하게 많이 달린다. 꽃차례의 크기는 20cm이고 꽃은 2.5m 크기이며 빛깔은 장미빛이나 원예종들은 흰색, 분홍, 보라 등 다양하다.

개화기 7~10월.

자생지 북 아메리카(텍사스).

재 배 *적지* 햇빛이 잘 들고 배수가 잘 되는 비옥한 토양, 가뭄에 견디나 과습해서는 안 된다.

이식 식재거리 20cm.

병충해 갈색 무늬병, 노균병.

번식 실생번식, 종자 수명 2~3년, 발아일수 10~15일.

조 경 화단, 경재화단, 용기식재, 창가 꽃상자, 절화(낮은수반).

학 명 *속명* 그리스어 phlox(붓꽃)에서 온 것으로 꽃 모양과 빛깔에서 유래.

종명 19세기초 이 꽃을 쿠바에서 영국으로 종자를 들여온 토마스 드러몬드(Thomas Drummond)를 기념한. 영국 벨파스트식물원 큐레이터였으며, 미국 북서부 식물을 모두 채집하였고, 1835년 쿠바에서 사망했다.

재배변종 'Dwarf Beauty Mixed' : 높이는 15cm이고 꽃빛깔이 다양하다.
'Compact' : 왜생형으로 꽃이 치밀하게 달린다.
'Twinkle' : 별모양의 꽃이 핀다.
'Bright Eyes'
'Derwent'

스타티스 (꽃 갯질경)

갯질경이-과

Limonium sinuatum
(li-mo'ni-um sin-u-a'tum)

Annual Statice,
Sea Lavender,
Sea Pink

크 기 　높이 30~60cm, 포기 30cm로 자라며 뻣뻣한 털이 온몸에 나 있고 날개 같은 것이 줄기에 있다. 자생지에서는 두해살이 또는 여러해살이이나 온대에서는 한해살이 화초이다.

형 태 　*잎* 　뿌리에서 나오고 물결 모양으로 깊게 갈라지는데 무잎과 흡사하다.

꽃 　한쪽으로 배열되는 수상화서의 작은 꽃자루에 3~5송이가 달린다. 꽃 향기가 나며 노랑, 흰색, 보라 빛깔이 있다.

개화기 　7~10월.

자 생 지 　지중해 연안, 포루투갈.

재 배 　*적 지* 　햇빛이 잘 들고 배수가 잘 되는 토양, 해안가 지역, 가뭄에 견딘다.

이 식 　식재거리 30cm, 발아 후 2개월이 지나 잎이 4~5개가 나올 때 이식한다.

병충해 　별로 없다.

번 식 　실생번식, 3월에 온상에서 파종한다. 발아기간 14일.

조 경 　화단, 경재화단, 용기식재, 말린꽃 절화.

학 명 　*속 명* 　그리스의 옛 식물 이름인데, 초원의 뜻이 있다.

종 명 　깊은 물결 모양의

재배변종 　'Petite Bouguet' : 높이 30cm이고, 꽃 빛깔은 다양하다.

채송화

쇠비름-과

Portulaca grandiflora
(por-tu-la'ka gran-di-flo'ra)

Rose Moss,
Moss Rose,
Sun Moss,
Wax Pink,
Purslane

크 기 높이 15cm, 포기 15~20cm로 자란다. 한 줄기에서 여러 갈래의 가지가 나오는데 줄기나 가지는 서지 못하고 옆으로 퍼진다. 줄기는 다육질이고 붉은색이다.

형 태 *잎* 살이 많은 선상(線狀)이고 잎 겨드랑이에서 흰털이 무더기로 난다.

꽃 가지 끝에 한 송이 또는 두 송이 이상 모여 달린다. 꽃 빛깔은 흰색, 노랑, 분홍, 빨강 등 다양하며 크기는 2~3cm이고 홑꽃과 겹꽃이 있다. 꽃은 아침, 저녁, 흐린 날, 비오는 날에는 피지 않는다. 감광성(感光性)운동을 한다.

개화기 6~10월.

자생지 브라질, 아르헨티나.

재 배 *적 지* 햇빛 잘 들고 배수가 잘 되는 건조한 토양.

이 식 식재거리 15cm, 직파한 것은 솎아낸다.

병충해 별로 없다.

번 식 실생번식, 꺾꽂이, 발아온도 20~25℃, 화단에 4~5월에 직파한다. 씨가 워낙 작아서 모래에 섞어서 파종한다.

조 경 암벽 비탈, 건조한 토양에서 지피식물, 화단, 경재화단 등에서 테두리 식재. 용기식재, 지피식물, 꽃바구니 걸이.

학 명 *속 명* 라틴어 porto(있는)와 la(젖)의 합성어로 즙액을 함유한데서 유래.

종 명 큰 꽃의.

재배변종 'Sunglow'
'Sunnybank'

버베나 (꽃 마편초)

마편초-과

Verbena × hybrida
(ver-be'na hib'ri-da)

Garden Verbena,
Summer Verbena,
Rose Verbena,
Common Verbena(U.K.)

크 기 높이 15~30cm, 포기 30cm로 자란다. 줄기는 서는 것도 있고 옆으로 퍼지는 것도 있으며 각 마디에서 쉽게 뿌리가 난다. 자생지에서는 여러해살 식물이나 온대에서는 한해살이 화초이고 온몸에 털이 나 있다.

형 태 *잎* 어긋나며, 깊은 결각(缺刻)이 있는 난형이다.
꽃 수상화서이나 때로는 산방화서로 작은 꽃들이 달린다. 6월부터 서리가 내릴 때까지 계속 꽃이 피며 흰색, 분홍, 빨강, 보라, 하늘색 빛 등 다양하다.
개화기 6~11월.

자 생 지 원종은 남 아메리카 브라질이며, 교잡종이다.

재 배 *적 지* 햇빛이 잘 들고 배수가 좋은 곳으로 건조한 토양.
이 식 식재거리 20~25cm.
병충해 별로 없다.
번 식 실생번식, 꺾꽂이, 따뜻한 곳에서는 가을에 파종하여 월동한 후 봄에 정식하나 보통 봄에 파종한다. 발아율이 낮다. 발아온도 15~20℃.

조 경 화단, 경재화단의 테두리 식재, 지피식물, 창가 꽃상자, 꽃바구니 걸이.

학 명 *속 명* 켈트어 ferfaen(돌을 나르는)에서 온 것으로 방광의 담석 예방효과가 있어서 유래. 또는 hera(풀)가 변하여 herbena로 다음 Verbena로 된 것이라고도 한다.
종 명 교잡 의.
재배변종 'Peachn Cream' : 높이 20cm이고, 크림노랑빛이다.
'Lawrence Johnston' : 빨강빛이다.

풍선 덩굴

무환자-과

Cardiospermum halicacabum
(kar-di-o-sper'mum hali-ka-ka-bum)

Balloon-Vine

크 기 덩굴식물로 길이 3m 정도로 자란다. 자생지에서는 여러해살이이나 온대에서는 한해살이 화초이다.

형 태 *잎* 어긋나고 긴 타원형으로 잎 끝은 뾰족하며 깊은 톱니가 있다.

꽃 잎 겨드랑이에서 긴 꽃자루가 나와 그 끝에 취산화서로 작은 꽃이 달린다. 흰색의 꽃은 크기 0.5cm인데 8, 9월에 결실이 되면 3개의 모가 있는 풍선 같은 열매가 서리가 내릴 때까지 달려 있다.

개화기 꽃보다는 열매가 풍선모양으로 관상가치가 있다.

자생지 남 아메리카.

재 배 *적지* 햇빛이 잘 들고 배수가 좋은 토양.

이식 식재거리 90cm.

병충해 별로 없다.

번식 실생번식, 종자 수명 2년, 발아온도 10℃, 발아기간 10~15일, 씨가 단단하여 파종 1~2일 전에 물에 담근다.

조 경 화단에서는 섶에 올리거나 담장, 펜스 등에 올린다.

학 명 *속명* 그리스어 kardia(심장)와 sperma(씨)의 합성어로서 검은 씨에 흰 심장무늬가 있어서 유래된 것이다.

종명 꽈리의.

금어초

현삼-과

Antirrhinum majus
(an-ti-ri'num ma'-jus)

Snapdragon,
Toad's Mouth

크 기	왜생종은 30cm, 중생종은 60cm, 고생종은 1.2m, 포기 20~45cm로 자라며 줄기는 다소 목질화 된다. 자생지에서는 여러해살이이나 온대에서는 한해살이 화초이다.	
형 태	*잎*	어긋나며, 긴 타원 모양의 피침형으로 줄기의 아래쪽 잎은 좁다.
	꽃	수상화서가 줄기 끝에서 나와 통꽃들이 달린다. 꽃잎은 금붕어 입과 비슷하며 기본 종의 빛깔은 보라빛인데 원예종은 흰색, 노랑, 담홍색 등 다양하고 봄에 파종한 것은 4~5월에, 가을에 파종한 것은 5~7월에 꽃이 핀다.
	개화기	4~5월 또는 5~7월.
자생지	북 아프리카, 지중해 연안.	
재 배	*적지*	햇빛이 잘 들고 배수가 좋은 비옥한 토양이 적지이며, 뜨거운 여름에는 반그늘이 좋다.
	이식	왜생종은 식재거리 20cm, 중간종은 25cm, 고생종은 45cm.
	병충해	뿌리썩음병, 잿빛 곰팡이병, 균핵병.
	번식	실생번식, 직파(直播), 자연발아, 발아온도 15~20℃.
조 경	화단, 경재화단, 용기식재, 왜생종은 테두리 식재, 고생종은 절화.	
학 명	*속명*	그리스어 anti(닮은)와 rhis(코)의 합성어로 꽃 모양의 어느 동물의 코를 닮은 데서 유래.
	종명	큰.
	재배변종	'Magic Carpet Mixed': 높이 50cm이고 꽃 빛깔은 다양하다. 'Royal Carpet Mixed': 높이 20cm이고 녹병에 상하다. 'White Wonder': 높이 45cm이고 흰꽃이 핀다. 'Ruffled Super Tetra Mixed': 높이 75cm이고 꽃 빛깔은 다양하다.

리나리아

현삼-과

Linaria maroccana
(li-na'ri-a maro-ka-na)

Toadflax,
Baby Snapdragon,
Fairy Flax

크 기 높이 20~30cm, 포기 20cm로 자란다. 줄기 밑에서 곁가지가 많이 나와 관목형태를 이룬다.

형 태 *잎* 마주나거나 돌려나기도 한다. 줄기 위쪽의 잎은 어긋나며, 선형이고 밝은 녹색이다.

꽃 잎 겨드랑이에서 수상화서가 나와 꽃이 달리며 꽃 빛깔은 보통 두 가지 색인데 흰색, 노랑, 분홍, 보라 등 다양하다. 금어초를 닮았으며 6~7월에 핀다. 봄에 파종한 것은 4~5월에 핀다.

개화기 4~5월 또는 6~7월.

자생지 모로코.

재 배 *적 지* 햇빛이 잘 들고 배수가 좋은 토양에서 잘 자란다. 토양에 적응이 강하다. 여름에는 서늘한 곳이 좋다.

이 식 식재거리 15cm.

병충해 별로 없다.

번 식 실생번식, 춘파 또는 추파하고 자연발아도 잘 핀다.

조 경 화단, 경재화단, 용기식재.

학 명 *속 명* 그리스어 lion(아마)에서 유래된 것으로 이 속의 어느 종이 아마의 잎과 비슷한데서 유래.

종 명 굵은 생사로 싼 천의.

재배변종 'Excelsior'
'Fairy Bouquet'

토레니아

현삼-과

Torenia fournieri
(tor-r'eni-a fu'r-niəri)

Wishbone Flower,
Blue Wings,
Hoa Bim Bim(Viet Nam)

크 기 높이 30cm, 포기 15~25cm로 자라며 줄기는 네모졌다.

형 태 *잎* 마주나며, 난형 또한 난상 피침형으로 잎 끝은 뾰족하고 잎가에는 날카로운 톱니가 있다.

꽃 가지 끝이나 잎 겨드랑이에서 총상화서가 나와 통꽃이 달린다. 꽃잎은 보라빛이고 목에는 노랑 무늬가 있다.

개화기 7~10월.

자생지 베트남.

재 배 *적 지* 반그늘이나 습한 토양.

이 식 식재거리 20cm.

병충해 별로 없다.

번 식 실생번식, 꺾꽂이, 5월에 파종.

조 경 화단, 경재화단, 테두리 식재, 용기식재, 바구니 걸이, 창가 꽃상자.

학 명 *속 명* 스페인 목사로 이 식물을 채집한 올레프 토렌(Olef Toren)을 기념한 것이다.

종 명 이름 Fournier의.

재배변종 'Clown Mixed' : 높이 25cm이고 흰색, 분홍, 보라 등의 꽃이 핀다.

'Pink Pander' : 높이 15cm이고 흰색, 분홍, 노랑 등의 빛깔이 복합색이다.

한 련

한련-과

Tropaeolum majus

(tro-pe'o-lum ma'jus)

Garden Nasturtium, Indian Cress

크 기 덩굴식물로 높이 2.4m, 포기 30cm로 자란다. 줄기는 다소 육질이고 털이 없거나 간혹 있다.

형 태 *잎* 어긋나며, 방패 모양으로 크기는 약 10cm이고 잎가는 약간 물결 모양을 띤다.

꽃 잎 겨드랑이에서 꽃자루가 길게 나와 한 송이씩 달리는데 옆으로 향한다. 꽃 빛깔은 흰색, 노랑, 빨강, 주황 등이 있고 아름답고 향기가 있다.

개화기 6~10월.

자생지 남 아메리카(페루, 콜롬비아, 브라질 등의 서늘한 산악지역).

재 배 *적 지* 햇빛이 잘 들고 배수가 좋은 건조한 토양, 서늘한 기후를 좋아하며 뜨거운 여름에는 생육이 나쁘다.

이 식 식재거리 36cm.

병충해 진딧물.

번 식 실생번식, 파종하기 전에 하룻밤 동안 물에 담가 놓는다. 직파.

조 경 실, 줄, 네트, 트렐리스, 기둥 등에 얹는다. 화단, 경재화단, 용기식재.

학 명 *속 명* 그리스어 tropaion(전승기념품)에서 온 것으로 잎은 방패 모양이고 꽃은 투구 모양인데서 유래.

종 명 큰.

재배변종 왜생형 : '꽃이 치밀하고 덩굴이 안 생긴다. 'Jewel', 'Cherry Rose', 'Whirly Bird', 'Alaska'

덩굴형 : 반덩굴성이고 지피식물로도 이용된다. 'Gleam Mixed', 'Climbing Mixed'

페투니아

가지-과

Petunia × hybrida
(pe-tu'nia hib'ri-da)

Garden Petunia

크 기 높이 15~25cm, 포기 30cm로 자란다. 가지를 많이 치고 옆으로 누우며 끝은 위로 향한다. 자생지에서는 여러해살이이나 온대에서는 한해살이 화초이다.

형 태
- *잎* 어긋나며, 잎자루는 짧고 난형인데 줄기 위쪽의 잎은 난상 피침형이다. 잔털이 있고 점성이 있어 진득거린다.
- *꽃* 잎 겨드랑이에서 한 송이씩 달리고 크기는 3~4cm이나 대륜종은 15cm나 된다. 통꽃으로 흰색, 분홍, 보라, 자주, 빨강, 얼룩색 등 다양하고 개화기는 6월부터 서리가 내릴 때까지 핀다.
- *개화기* 6~10월.

자생지 원종은 남 아메리카 페루, 브라질, 아르헨티나. *P.axillaris* × *P.violacea* 와의 교잡종이다.

재 배
- *적지* 햇빛이 잘 들고 배수가 좋은 비옥한 토양, 너무 비옥하거나 그늘지거나 과습하면 생육이 나빠진다. 또한 강풍이나 폭우를 만나면 꽃의 생육이 나빠진다.
- *이식* 식재거리 30cm.
- *병충해* 진딧물, 바이러스, 뿌리썩음병.
- *번식* 실생번식, 발아온도 20℃, 종자 수명 2~3년, 노지파종은 4월, 온실파종은 1~3월에 한다.

조 경 화단, 경재화단, 용기식재, 바구니 걸이, 창가 꽃상자.

학 명
- *속명* 브라질어의 petum(담배)에서 온 것으로 잎 모양이 담배와 비슷한데서 유래.
- *종명* 교잡의.
- *재배변종* 'Resisto' : 홑꽃이고 조밀하게 꽃이 많이 핀다.
  'Celebrity Mixed' : 꽃 빛깔이 다양하고 개화기가 길다.
  'Fluffy Ruffle Mixed' : 꽃이 매우 크다.
  'Summer Sun' : 꽃은 작으나 노란색이다.
  'Supinia(사피니아)' : 분홍색으로 가운데는 진분홍빛이다. 꺾꽂이로만 번식된다.

꽃 담배

가지-과

Nicotiana alata
(ni-ko-shi-a'na a'-la'ta)

Flowering Tobacco

크 기 높이 45~90cm, 포기 30cm로 자라며 줄기는 튼튼하고 온몸에 털이 나 있다.

형 태 *잎* 로제트 형태이고 난형으로 잎 끝은 뾰족하고 녹색 잎이다.
꽃 줄기 끝에 달리며 깔때기 모양으로 꽃의 크기는 5cm이고 여름부터 가을까지 핀다. 꽃이 진 후 적심하면 꽃피는 기간이 연장된다. 꽃 빛깔은 흰색, 분홍, 보라, 빨강 등 다양하다.
개화기 8~10월.

자생지 남 아메리카.

재 배 *적지* 햇빛이 잘 들거나 또는 부분적인 그늘에 습기가 약간 있고 배수가 좋으며 유기물이 있는 토양.
이식 식재거리 25~30cm.
병충해 별로 없다.
번식 실생번식, 파종 후 덮지 말고 다만 토양을 눌러준다. 자연발아가 잘 된다.

조 경 화단, 경재화단, 꽃꽂이, 용기식재, 흰꽃은 밤이 되면 향기가 난다.

학 명 *속명* 프랑스의 외교관 장 니코트(Jean Nicot)에서 유래(1950년 담배 씨를 처음으로 프랑스에 가져 왔다.)
종명 날개가 있는.
재배변종 'Sensation Mixed' : 높이 90cm이고 꽃 빛깔은 다양하다.
'Nana' : 높이 45cm이며, 왜생종형이다.
'Rubelle' : 붉은색 꽃이 핀다.

관상 고추

가지-과

Capsicum annuum
(kap'si-kum an'u-um)

Ornamental Pepper

크 기 높이 25cm, 포기 20cm로 치밀한 관목 형태로 자란다.

형 태 *잎* 어긋나며, 피침형으로 약간 앞쪽으로 가장자리가 굽으며 진한 녹색이다.

꽃 흰색 또는 연두색 꽃들이 꽃송이를 이루어 줄기 끝에 피는데, 꽃보다는 열매가 더욱 아름답다. 열매 빛깔은 녹색에서 노란색으로 되었다가 붉게 익는다.

개화기 꽃보다는 열매의 관상가치가 있다.

자생지 열대 아메리카.

재 배 *적지* 햇빛이 잘 들고 배수가 좋은 사양토.

이식 식재거리 15cm.

병충해 별로 없다.

번식 실생번식, 발아 및 생육에 높은 온도가 요구된다. 봄에 온상에서 파종한다.

조 경 용기식재, 화단 또는 경재화단에서 테두리 식재.

학 명 *속명* 그리스어 capsa(주머니)에서 유래, 주머니 같은 고추에서 연상되었다.

종명 1년생의.

재배변종 'Holiday Cheer' : 둥근 열매가 달린다.

아주까리

대극-과

Ricinus communis
(ris'i-nus kom-mu'nis)

Castor Bean Plant,
Castor Oil Plant

크 기 높이 1.8m, 포기 90~120cm 정도로 자라며 자생지에서는 여러해살이이나 온대에서는 한해살이 화초이다.

형 태 *잎* 20~30cm로 넓으며 깊게 갈라지고 끝은 뾰족하며 톱니가 있고 녹색 또는 적갈색을 띤다.

꽃 줄기 위에 원추화서로 달리는데 꽃잎은 없고 크기는 1.2 cm 정도이다. 열매는 붉은색이고 가시가 돋는다.

개화기 꽃보다는 열매에 관상가치가 있다.

자 생 지 아프리카.

재 배 *적 지* 햇빛이 잘 들고 습기가 약간 있으며 배수가 좋은 토양.

이 식 식재거리 90cm.

병충해 별로 없다.

번 식 실생번식, 파종하기 전 하룻밤 동안 씨를 물에 담가 놓는다. 발아온도 25~30℃, 자연발아가 잘 된다.

조 경 화단, 경재화단에서 배경식재 또는 강조식재, 일시적인 가리개, 산울타리, 씨는 독이 있어서 어린이 놀이터에는 식재하지 않는다.

학 명 *속 명* 지중해 지방어에서 유래된 것으로 씨의 형태가 이(기생충) 모양이다.

종 명 보통의, 일반의.

재배변종 'Carmencita' : 높이 1.8m이고 잎은 갈색이다.

유혈비아 [설악초]

대극-과

Euphorbia marginata
(you-for'bi-a mar-ji-na'ta)

Snow-on-the Mountain,
Ghostweed

크　　기　높이 60~120cm, 포기 30~45cm로 자란다. 줄기는 곧게 서고 위쪽은 쌍으로 분지되어 관목형으로 자라는 습성이 있다.

형　　태　*잎*　긴 타원형으로 줄기 아래쪽의 잎은 녹색이고 위쪽의 잎에서는 가장자리가 흰색을 띤다.

꽃　가지 끝에 산방화서로 달리는데 꽃은 퇴화되었다.

개화기　꽃보다는 잎에 관상가치가 있다.

자생지　북 아메리카의 중부지역.

재　　배　*적지*　햇빛이 잘 들고 배수가 좋은 반그늘진 곳으로, 세력이 강건하여 토양은 가리지 않는다.

이식　식재거리 30cm, 직근성이므로 어릴 때 이식한다.

병충해　별로 없다.

번식　실생번식, 발아온도 10℃.

조　　경　화단, 경재화단에서 강조식물, 암석정원, 용기식재, 절화(자를 때 조심해야 한다. 흰 즙이 나와 피부, 눈, 입에 닿을 수 있다.).

학　　명　*속명*　eu(좋은)와 phoreo(생기다)의 합성이로 열매가 잘 달리는 데서 유래

종명　잎가에 테가 둘러 있는.

개배변종　'Summer Icicle' : 높이 45cm로 자라서 조밀하다.

향 유

꿀풀-과

Elsholtzia ciliata
(el-sholt'si-a sil-i-a'ta)

크 기 높이 30~40cm로 자라며 줄기는 네모지고 줄기 위쪽에는 가지를 많이 친다.

형 태 *잎* 마주나며, 긴 난형으로 길이 3~10cm, 너비 1~6cm이고 1~2cm의 잎자루와 톱니가 있다.

꽃 줄기와 가지 끝에 자홍색의 순형화가 모여 피고 이삭 모양을 이루며 휘어진다.

개화기 8~9월.

자 생 지 한국의 산지나 길가.

재 배 *적지* 햇빛이 잘 들고 배수가 좋은 토양.

이식 식재거리 20~30cm.

병충해 별로 없다.

번식 실생번식.

조 경 경재화단, 야생풍경 꽃밭.

학 명 *속명* 독일의 식물학자 요한 제케스문트 엘즈홀츠(Johnn Sieqesmund Elsholtz ; 1623~1688)에서 유래.

종명 연모가 있는, 눈썹 같은 털이 있는.

그밖의 종 *E. splendens* (꽃향유) : 홍자색의 꽃이 9~10월에 화려하게 핀다.

관상 호박

호박-과

Cucurbita pepo
(ku-ker'-bi-ta pi:pou)

Ornamental Gourd

크 기 덩굴식물로 길이 3m 정도로 자란다.
형 태 *잎* 넓은 잎은 종종 갈라지고 잎맥에 거친 털이 나 있다.
꽃 종 모양의 노랑 꽃은 크고 끝은 갈라졌다.
개화기 꽃보다는 열매에 관상가치가 있다.
자생지 남 아메리카.
재 배 *적지* 햇빛이 잘 들고 배수가 잘 되는 양토에서 잘 자라며 따뜻한 곳이 좋다.
이식 식재거리 30cm.
병충해 별로 없다.
번식 실생번식, 파종 하루 전에 씨를 하룻밤 동안 물에 담가 놓는다.
조 경 트렐리스, 퍼골라 등의 구조물에 얹거나 지탱물체가 필요하다.
학 명 *속명* 표주박에 대한 고대 라틴 이름.
종명 박과 식물 열매의.

여 주 [茹周]

박-과

Momordica charantia
(mo-mor'di-ca ka-ran-tia)

Bitter Cucumber

크 기 한해살이 덩굴식물로 길이 3~4m로 자란다. 줄기는 가늘고 길며 덩굴손으로 물체를 감는다.

형 태 *잎* 덩굴손과는 마주나고 5~6개로 깊게 갈라지며 열편 끝은 뾰족하고 굵은 톱니가 있다.

꽃 잎 겨드랑이에서 노랑 암·수꽃이 각각 1개씩 달린다. 화관의 크기는 약 2cm이고 다섯 갈래로 깊게 갈라진다. 열매는 길이 7~9cm이고 타원형의 호과이며 돌기가 있고 황적색으로 익으며 불규칙하게 갈라진다.

개화기 7~8월. 꽃보다는 열매에 관상가치가 있다.

자생지 열대 아시아, 인도.

재 배 *적지* 햇빛이 잘 들고 습기가 있는 비옥한 토양.

이식 봄에 식재한다.

병충해 별로 없다.

번식 실생번식.

조 경 펜스, 트렐리스, 그물망, 울타리 등에 얹는다.

학 명 *속명* 라틴어의 '내가 물었다'의 뜻으로 과피가 물어뜯은 것 같은데서 유래.

종명 인도의 식물 이름.

수세미 오이

박-과

Luffa cylindrica
(luf'a si-lin'dri-ka)

**Dish-cloth gourd,
Vegetable Sponge**

크 기 한해살이 덩굴식물로 길이 3~5m로 자란다.
형 태 *잎* 잎자루가 길고 손바닥 모양으로 깊게 갈라진다. 길이와 나비가 각각 15~30cm이고 열편 조각의 끝은 뾰족하다.
꽃 자웅동주이며 꽃 빛깔은 노랗고 8~9월에 피는데 암꽃은 1개씩 달린다. 열매는 큰 원통형으로 세로로 주름이 파이고 과육 속에는 망상조직이 발달한다.
개화기 8~9월, 꽃보다는 열매에 관상가치가 있다.
자생지 아라비아 등 열대 아시아.
재 배 *적지* 햇빛이 잘 들고 배수가 좋은 비옥한 양토.
이식 봄에 어린 묘를 일정한 간격으로 지탱물에 붙여 심는다.
병충해 별로 없다.
번식 실생번식.
조 경 펜스, 아치, 퍼골라, 섶 울타리 등에 얹는다.
학 명 *속명* 아리비아의 식물 이름에서 유래.
종명 원통형의.

솔체꽃

산토끼꽃-과

***Scabiosa mansenensis* (syn. *S. tschillensis*)**
(ska-bi-o'sa man-senen-sis)

Manchu Scabiosa,
Pincushion Flower,
Border Scabious

크 기 높이 30~80cm, 포기 20~30cm로 자란다.
형 태 *잎* 마주나고 깊게 갈라지며 윗부분의 열편은 가늘어서 밑부분에서 나온 열편과는 다르다.
꽃 긴 줄기 끝에 두상화가 달리는데 연한 청자색으로 크기는 4cm이고 8월에 핀다. 가운데 꽃은 통 모양이고 주변의 꽃은 크고 화관은 상순 두 개, 하순 세 개로 갈라진다.
개화기 8월.
자생지 한국 산지의 햇빛이 잘 드는 풀밭. 시베리아, 만주.
재 배 *적지* 햇빛이 잘 들고 습기 있고 배수가 좋은 토양.
이식 식재거리 20cm.
병충해 별로 없다.
번식 실생번식(봄, 가을).
조 경 화단, 경재화단, 부케.
학 명 *속명* 라틴어 scabies(옴)에서 유래, 이 속 중 어느 식물이 피부병을 고치는 종류가 있다는 데서 붙여진 것이다.
종명 만주의.

목 화

아욱-과

Gossypium indicum
(go-sip-i-um in'di-cum)

Cotton

크 기 높이 60cm, 포기 30~60cm로 자라며 자생지에서는 여러해살이나 한국에서는 한해살이 화초로 취급된다.

형 태 *잎* 어긋나며, 긴 잎자루와 턱잎이 있고 양옆으로 넓고 깊게 갈라지며 열편의 끝은 뾰족하다.

꽃 8~9월에 잎 겨드랑이에서 4cm 크기의 꽃이 핀다. 꽃잎은 다섯 장이고 담황색인데 기부는 붉은색을 띤다. 열매는 삭과이고 구형(球形)으로 갈라지며 흰 솜이 터져 나온다.

개화기 8~9월.

자생지 열대 아시아.

재 배 *적지* 햇빛이 잘 들고 배수가 좋은 비옥한 양토.

이식 식재거리 40~50cm로 봄에 심는다.

병충해 별로 없다.

번식 실생번식.

조 경 주택정원, 경재화단.

학 명 *속명* 라틴어의 식물 이름.

종명 인도의.

B. 가을에 씨 뿌리는 한해살이 화초

캠판율라(유럽 초롱꽃
데이지
금잔화
센타레아(수레 국화)
팬지
석죽
스위트 윌리암
집소필라(안개초)
시레네(벌레잡이 석죽
리빙스톤 데이지
가자니아
세네시오
스키잔더스

브로왈리아
디지털리스
꽃 베고니아
로벨리아
락스퍼
스위트 피
네모필라
우스토마(리시안서스)
스위트 스카비오사(진보라 솔체꽃)
접시꽃
스토크(비단향 꽃무우)
이베리스

캠판율라 [유럽 초롱꽃]

초롱꽃-과

Campanula medium
(kam-pan'you-la mi-di-um)

Canterbury Bells,
Bellflower

크　　기　높이 45~90cm, 포기 30cm로 자란다. 자생지에서는 두해살이 식물이나 온대에서는 한해살이 화초로 다룬다.

형　　태　*잎*　첫해에는 뿌리에서 잎이 로젯트(rosett)형으로 나오고 피침형이며 다음해에는 긴 꽃대가 나온다.

꽃　종 모양으로 크기는 5cm 정도이고 흰색, 분홍, 보라 등의 꽃이 초여름에 핀다.

개화기　5~6월.

자 생 지　유럽 남부.

재　　배　*적지*　햇빛이 잘 들고 배수가 좋은 토양, 서늘하고 건조한 기후가 좋다.

이식　식재거리 30cm, 가을이나 이른 봄에 이식한다.

병충해　백견병.

번식　실생번식, 여름에 화분, 파종상자에 파종한다. 개화 후 적심하면 꽃이 오래간다.

조　　경　자연풍경 꽃밭, 주택정원, 용기식재, 화단, 경재화단, 암석정원, 절화, 한여름에 꽃이 피었다가 지면 뽑아낸다.

학　　명　*속명*　라틴어 campana(종)에서 유래, 꽃의 모양이 종과 같다.

종명　중위(간)의, 보통의.

재배변종　'Cup and Saucer Mixed' : 높이 75cm이고 겹꽃이 핀다.
'Russian Pink' : 높이 37.5cm이고 분홍빛 꽃이 핀다.

그밖의 종　*C. carpatica, C. pusilla, C. garganica, C. glomerata, C. latifolia, C. persifolia*

데이지

국화-과

Bellis perennis
(bel'lis per-en'is)

English Daisy,
Common Disy

크 기 높이 15cm, 포기 15~20cm로 자란다. 자생지에서는 여러해살이 식물이나 온대에서는 한해살이 화초이다.

형 태 *잎* 뿌리에서 로제트 형태로 나오고, 잎은 긴 타원형 또는 주걱 모양으로 녹색이고 톱니가 있다.

꽃 짧고 굵은 꽃대가 나오며 크기 2.5~5cm의 꽃이 폼폰(pompon, 방울술) 모양으로 흰색, 분홍, 붉은색 등으로 핀다.

개화기 4~8월.

자생지 유럽, 지중해 연안.

재 배 *적지* 햇빛이 잘 들거나 반그늘지고 배수가 좋으며 유기질이 풍부한 토양에서 잘 자란다.

이식 식재거리 15cm.

병충해 별로 없다.

번식 실생번식, 가을에 파종한다. 겨울철에 따뜻한 남쪽에서는 짚이나 솔잎으로 덮어서 멀칭하여 보온한다. 추운지방에서는 겨울에 온상에서 파종했다가 봄에 정식(定植)한다.

조 경 화단, 창가 꽃상자, 박스, 테두리 식재.

학 명 *속명* 라틴 이름으로 Bellus는 아름다운의 뜻.

종명 여러해살이의.

재배변종 'Montrosa' : 붉은색의 두상화가 크다.

'Rosea' : 장미빛 분홍색 꽃이 핀다.

'Prolifera' : 줄기 끝에 두 개의 두상화가 달린다.

금잔화

국화-과

Calendula officinalis
(ka-len'du-la o-fis-i-na'lis)

Pot Marigold, Calendula

크 기 높이 30~60cm, 포기 30cm로 자란다.
형 태 *잎* 피침형의 잎은 군생하며 밝은 녹색이다.
꽃 주황 또는 노랑 빛깔로 데이지꽃 모양이고, 설상화는 황금색이며 가운데의 관상화는 노랑 또는 갈색이고 꽃의 크기는 5~10cm이다. 흐린날이나 밤에는 꽃잎을 오무리는 경향이 있고 봄에 핀다.
개화기 4~5월.
자생지 지중해 연안.
재 배 *적지* 햇빛이 잘 들고 배수가 좋은 토양.
이식 식재거리 20~30cm, 잎이 3~4매일 때 이식한다.
병충해 세균병, 탄저병.
번식 실생번식, 남쪽지방에서는 가을에 파종한다. 종자 수명은 5~6년.
조 경 화단, 경재화단, 용기식재, 부케, 절화.
학 명 *속명* 로마인들이 달의 초하루를 calendae라 하였으며 1개월을 가리킨다. 꽃 피는 기간이 한 날 산 세속 된다.
종명 약용의.
재배변종 'Touch of Red Mixed' : 높이 45cm이고 붉은색 꽃이 핀다.
'Fiesta Gitana' : 높이 30cm이고, 등황색 꽃이 핀다.
'Indian Prince' : 높이 75cm이고 진노랑에 가장자리는 갈색이다.
'Lemon Queen' : 높이 45cm이고 진노랑빛이다.
'Pacific Apricot' : 높이 30cm이고 살구꽃빛이다.

센타레아 (수레 국화)

국화-과

Centaurea cyanus
(sen-ta're-a si-an'us)

Cornflower,
Bachelor's Buttons,
Bluebottle,
Blue Bonnets,
Dusty Miller

크 기 　높이 30~75cm, 포기 30cm로 자라며 가지가 많이 퍼지고 직근이 발달한다.

형 태 　*잎* 　피침형으로 좁고 은빛 녹색이다.
꽃 　가는 줄기 끝에 꽃이 달리는데 크기는 2.5~5cm이고 6월부터 여름내 피고 흰색, 보라, 하늘색, 분홍, 빨강빛깔 등이 있다.
개화기 　6~7월.

자생지 　남부 및 동부 유럽.

재 배 　*적지* 　햇빛 잘 들고 배수가 좋은 토양.
이식 　식재거리 20~30cm, 직파한 것은 솎아낸다. 잎이 3~4매일 때 이식한다.
병충해 　모자이크병, 뿌리혹병(연작을 피하고 질소 과용 금지).
번식 　실생번식, 가을에 직파하거나(따뜻한 곳) 또는 이른 봄에 파종한다. 자연발아가 잘 된다.

조 경 　화단, 야생풍경 꽃밭, 절화, 부케, 마른 꽃.

학 명 　*속명* 　고대 그리스의 식물 이름.
종명 　보라빛의.
재배변종 　'Jubilee Gem' : 높이 30cm이고 하늘빛 꽃이 핀다.
'Blue Diadem' : 보라빛의 큰 꽃이 핀다.
'Alba' : 흰꽃이 핀다.

팬 지 (비올라, 삼색제비꽃)

제비꽃-과

Viola tricolor
(vio-la tri'kul-er)

Pansy,
Viola

크 기 높이 20cm, 포기 30cm로 자란다.
형 태 *잎* 좁은 난형 또는 심장형으로 긴 잎자루가 있고 둥근 톱니가 나며 녹색이다.
꽃 꽃잎은 다섯 장이고 크기는 5~12.5cm이며 주로 봄에 피지만 때로는 가을에도 핀다. 빛깔은 흰색, 분홍, 주황, 빨강, 보라, 하늘색 등이 있다.
개화기 4~5월.
자생지 유럽(발틱해 연안, 발칸반도, 우크라이나, 몰타비아).
재 배 *적 지* 햇빛이 잘 드는 곳이나 반그늘지나 습기가 있고 비옥한 토양에서 잘 자라며, 저온에 강하고 고온건조에 약하다.
이 식 식재거리 15cm.
병충해 별로 없다.
번 식 실생번식, 생육적온 10~15℃, 발아온도는 생육온도보다 고온이다.
조 경 화단, 경재화단, 테두리 식재, 용기식재, 바구니 걸이, 암석정원.
학 명 *속 명* 라틴어 식물의 옛 이름.
종 명 세 가지 빛깔의.
변 종 var. *hotensis*
재배변종 'Majestic Giants' : 이른 봄에 꽃이 피고 열에 잘 견딘다.
'Maggie Mott' : 연보라빛이다.
'Moon light' : 향기가 있고 연노랑빛이다.
'Irish Molly' : 노랑구리빛이다.
그밖의 종 *V. biflora* (이색제비꽃) : 아래 3장은 흰색 또는 노랑색이고, 위 2장은 보라색이다.<위 그림>

석 죽

석죽-과

Dianthus chinensis* var. *Heddewigii
(di-an'thus ch-nen'sis vər hede-wigei)

China Pink,
Indian Pink

크 기 높이 20~30cm, 포기 20~30cm로 자란다. 두해살이 식물이나 한해살이 화초로 취급된다.

형 태 *잎* 마주나고, 피침형으로 좁고 길다.

꽃 줄기 끝에 꽃이 달리며 2.5cm 크기이고 납작하며 꽃잎 가장자리에는 술 장식이 있다. 흰색, 분홍, 빨강 등의 빛깔이 있고 한여름에 핀다.

개화기 7~8월.

자생지 동아시아.

재 배 *적지* 햇빛이 잘 드는 곳 또는 반그늘진(뜨거운 여름철 오후에 그늘이 지는 곳) 곳.

이식 식재거리 15~20cm.

병충해 입고병, 탄저병, 바이러스병.

번식 실생번식, 꺾꽂이, 직파도 되며 가을에 파종한다.

조 경 주택정원, 화단, 경재화단, 암석정원, 옹벽정원, 보도 가장자리, 용기식재.

학 명 *속명* 꽃밥이 두 개 있는.

종명 중국의.

변종 Heddewig 씨를 기념함.

재배변종 'Telstar' : 높이 15~20cm이고 여름부터 가을까지 핀다.
'Snowfire' : 높이 20cm이고 술은 흰빛이고 가운데가 붉다.

스위트 윌리암

석죽-과

Dianthus barbatus
(di-an'thus bar'-ba'tus)

Sweet William

크 기 높이 30~45cm, 포기 20~30cm로 자란다. 두해살이 식물이나 추파 한해살이 화초로 취급된다.

형 태 *잎* 마주나고, 긴 피침형으로 좁고 길다.

꽃 줄기 끝에 8cm 크기로 조밀하게 달리며 향기가 있다. 빛깔은 빨강, 보라, 흰색, 겹색이 있고 겹꽃도 있으며 초여름에 핀다.

개화기 5~6월.

자생지 유럽, 지중해 연안, 아시아, 열대 아프리카.

재 배 *적지* 햇빛이 잘 들고 반그늘진 곳(특히 뜨거운 여름철 오후), 배수가 잘 되는 토양.

이식 식재거리 20~25cm.

병충해 별로 없다.

번식 실생번식, 자연발아가 잘 된다.

조 경 화단, 경재화단.

학 명 *속명* 꽃밥이 두 게 있는.

종명 까끄라기가 있는.

재배변종 'Roundabout Mixed' : 높이 25cm이고 흰색, 분홍, 빨강 등의 겹색이다.

'Giant White' : 흰꽃이 핀다.

'Dunnets dark Crimson' : 진홍색이다.

'Dwarf mixed' : 키가 작다.

집소필라 (안개초)

석죽-과

Gypsophila elegans
(jip-sof'i-la el'e-ganz)

Annual Baby's Breath

크 기 높이 45~60cm, 포기 15~30cm로 자란다. 가느다란 줄기에 엉성한 포기를 이룬다.
형 태 *잎* 마주나는 잎은 선형 또는 피침형으로 회녹색을 띤다.
꽃 작은 꽃(6~12mm)들이 원추화서에 흰색 또는 분홍색으로 달리며, 꽃잎은 다섯 장이고 봄부터 초여름까지 두 달간 핀다.
개화기 5~6월.
자생지 유럽, 소아시아 (이란, 터기, 코카서스).
재 배 *적지* 햇빛이 잘 들고(뜨거운 여름에는 오후에 그늘진 곳) 배수가 잘 되는 토양이 좋으며 가뭄에 잘 견딘다.
이식 식재거리 15cm.
병충해 별로 없다.
번식 실생번식, 직파도 가능하다. 겨울이 따뜻한 곳에서는 추파, 추운 곳에는 춘파한다.
조 경 화단, 경재화단, 집단식재, 락스퍼, 스위트피와 함께 시원한 기후를 좋아한다.
학 명 *속명* gypsos(석회)와 philos(사랑하다)의 합성어이며, 석회를 좋아하는.
종명 우아하고 아름다운.
재배변종 'Convent Garden White' : 높이 45cm이고 흰꽃이 핀다.
'Grandiflora Alba' : 흰꽃이 크게 달린다.
'Purpurea' : 보라빛꽃이다.
'Rosea' : 장미빛이다.
그밖의 종 *G. oldhamiana* (대나물) : 산야에 흔히 자라며, 6~7에 산방상취산화서에 흰꽃이 많이 달린다.(위그림)

시레네 [벌레잡이 석죽, 끈끈이 대나물]

석죽-과

Silene armeria
(si-le'ne ar-me'ri-a)

Lobel's Catchfly,
Sweet Catchfly,
None-So-Pretty

크 기 높이 45cm, 포기 30cm로 자란다. 줄기 위, 꽃차례 바로 아래부분에서 점액을 낸다.

형 태 *잎* 마주나고, 난상 피침형으로 톱니는 없다.
꽃 단생하거나 또는 취산화서로 달린다. 크기가 12mm 정도이고 꽃잎은 다섯 장이며 분홍빛으로 핀다.
개화기 5～6월.

자생지 유럽 남부.

재 배 *적지* 햇빛이 잘 들고 배수가 좋은 토양.
이식 식재거리 25cm.
병충해 별로 없다.
번식 실생번식, 발아온도 15～20℃, 봄 또는 가을에 파종한다.

조 경 화단, 경재화단, 주택정원.

학 명 *속명* 그리스의 실레네스(silenes ; 술의 신, bacchas의 양부)가 취하여 거품투성이가 된 모습에 비유한 것으로 줄기에서 섬액성 물질을 분비한다.
종명 라틴어 옛 이름의.'
재배변종 'Ruberrima'
'Bonnettii'
'Compacta'

그밖의 종 *S. pendula* : 줄기가 늘어진다.

리빙스톤 데이지

국화-과

Dorotheanthus bellidiformis
(do-ro-thi-an-thus bel-id-i-form-is)

Living stone Daisy, Ice Plant

크 기 높이 15cm로 낮게 퍼져서 자란다.
형 태 *잎* 마주나고, 피침형의 잎은 밝은 녹색이며 두껍고 톱니는 없으며 길이 5~7cm 크기이다.
꽃 크기는 약 4~5cm이고 보라, 분홍, 주황, 살구빛, 노랑 등의 겹색이며 꽃이 잎을 온통 덮는다.
개화기 6~10월.
자생지 남 아프리카.
재 배 *적 지* 햇빛이 잘 들고 배수가 좋은 사양토. 밤에 시원해지면 꽃빛깔이 선명하다.
이 식 식재거리 20cm.
병충해 별로 없다.
번 식 실생번식, 직파 가능, 발아온도 15~20℃, 생육온도 10℃, 가을에 파종(10월).
조 경 화단, 암석정원, 용기식재, 건조한 비탈면 경재화단에서 테두리 식재.
학 명 *속 명* 이 속(屬)의 이름을 붙인 마르틴 하인리히 스반트(Dr. Martin Heinrich Schwants, 1881~1960, 독일의 키엘대학 교수)의 어머니 도로시아(Dorothea)에서 유래.
종 명 데이지(Bellis)꽃 모양의.
영 명 아프리카에서 전도사 활동을 한 리빙스톤(Livingstone)을 기념한 것이다.
재배변종 'Yellow Ice' : 노란빛 꽃이 핀다.
'El Cerrito'

가자니아 (무지개 데이지)

국화-과

Gazania rigens
(ga-za'nia-a ri'jenz)

Treasure Flower,
Rainbow Daisy

크　기	높이 20~30cm, 포기 30cm로 자란다. 여러해살이 식물이나 한해살이 화초로 취급된다.	
형　태	*잎*	피침형으로 길고 좁으며 밝은 녹색이고 뒷면은 은빛이다.
	꽃	꽃자루가 길게 나오고 그 끝에 7~8cm의 큰 꽃이 단생한다. 한여름부터 서리가 내릴 때까지 노랑, 주황색 꽃이 핀다.
	개화기	8~10월.
자생지	남 아프리카.	
재　배	*적지*	햇빛이 잘 들고 배수가 잘 되는 토양.
	이식	식재거리 20cm.
	병충해	별로 없다.
	번식	실생번식, 직파 가능, 가을에 파종(9월), 추운 곳에서는 봄에 파종한다.
조　경	화단, 경재화단, 테두리 식재, 지피식물, 암석정원, 집단식재.	
학　명	*속명*	그리스의 고전학자 가자(Gaza)의 테오도르(Theodore, 1398~1478)에서 유래.
	종명	단단한, 굳은.
	재배변종	'Freddie' 'Sunbeam'

세네시오

국화과

***Senecio cineraria*(syn. *Cineraria martima*)**
(se-ne'shi-o sin-e-na'ri-a)

Dusty Miller(U.K.)
Silver Cineraria,
Sea Ragwort

크　기　높이 20~60cm, 포기 30cm로 자란다. 여러해살이 식물이나 한해살이 화초로 취급된다.

형　태　*잎*　잎은 수북하게 나오며 긴 타원형으로 깊게 갈라지고, 큰 톱니 모양이고 흰 털로 덮여 있다.

꽃　데이지꽃 모양의 노란빛 꽃이 여름에 피지만 적심하면 봄에 꽃이 핀다.

개화기　꽃보다는 흰색의 잎에 관상가치가 있다.

자생지　지중해 지역.

재　배　*적지*　햇빛이 잘 들고 배수가 잘 되는 토양.

이식　식재거리 20cm.

병충해　잿빛 무늬병.

번식　실생번식, 가을에 파종(9월). 발아온도 18~20℃.

조　경　화단, 경재화단에서 강조식물, 테두리 식물, 용기식재, 말린 꽃.

학　명　*속명*　라틴어 cinera(잿빛의) 또는 senex(노인)에서 유래. 면모와 흰색의 관모(冠毛)가 있다.

종명　잿빛의.

재배변종　'Mandarin Orange' : 높이 15cm이고 오렌지빛 꽃이 핀다.
'White Diamonds'
'Hoar Frost'
'Dwarf Silver'

스키잔더스

가지-과

Schizanthus pinnatus
(ski-zan'thus pin-na'tus)

Butterfly Flower,
Fringe Flower,
Poor Man's Orchid

크 기 　높이 1.2m로 자라며 줄기에서 가지를 잘 치고 온몸에 선모(腺毛)가 있다.

형 태 　*잎* 　어긋나고 우상복엽으로 넓은 침형이나 고사리 잎같은 열편이 많이 갈라진다. 밝은 녹색 빛이다.

꽃 　줄기 끝에 정생하며 크기는 4cm이다. 원추화서에 많은 꽃송이가 달리며 흰색, 분홍, 자주빛 등이 있다. 꽃잎의 끝부분은 연한색이고 밑부분은 진한색이다.

개화기 　5~8월.

자생지 　칠레.

재 배 　*적지* 　햇빛이 잘 들고 배수가 좋으며 비옥하고 부식질이 많은 토양.

이식 　식재거리 30cm.

병충해 　별로 없다.

번식 　실생번식, 가을(9~10월)에 파종한다. 발아온도는 20℃이고 7~10일에 싹이 튼다.

조 경 　용기식재, 화단, 경재화단, 서늘한 밤이 되면 꽃 빛깔이 더욱 선명해진다.

학 명 　*속명* 　그리스어 schizein(갈라지다)와 anthus(꽃밥의) 합성어이며 꽃밥이 세로로 갈라진데서 유래.

종명 　우상복엽의.

재배변종 　'Ruberrima Bonnettii', 'Compacta'

그밖의 종 　*Schizanthus × wisetonensis* : 높이 30~60cm, 꽃 빛깔은 흰색, 분홍, 파랑, 노랑, 빨강, 겹색 등이다.

브로왈리아

가지-과

Browallia speciosa
(bro-wal'i-a spe-si-o'sa)

Sapphire Flower,
Lovely Browallia,
Bush Browallia

크 기 높이 20~45cm, 포기 20~45cm로 자라는데 재배변종에 따라 높이가 다르다. 자생지에서는 여러해살이 식물이나 한해살이 화초로 취급된다.

형 태 *잎* 마주나거나 또는 어긋난다. 피침형으로 끝이 뾰족하며 길이는 5cm이다.

꽃 잎 겨드랑이에서 단생하며 크기는 4~5cm이고 별 모양의 보라빛, 푸른 또는 흰꽃이 여름부터 서리가 내릴 때까지 핀다. 순치기를 하며 온실에서는 계속 핀다.

개화기 8~10월.

자생지 남 아메리카의 콜롬비아.

재 배 *적지* 반그늘진 곳으로 습기가 항상 있고 유기물이 많은 양토.

이식 식재거리 25~30cm.

병충해 별로 없다.

번식 실생번식, 꺾꽂이, 발아온도는 25℃, 재배온도 18~25℃, 가을에 파종한다.

조 경 그늘진 곳의 화단, 경재화단, 바구니 걸이, 창가 꽃상자, 용기식재.

학 명 *속명* 스웨덴의 식물학자 요한 브로웰(Johan Browall ; 1707~1775)의.

종명 화려한, 아름다운.

재배변종 'Blue Troll' : 높이 25cm이고 보라빛 꽃이 조밀하게 핀다.
'White Bell' : 높이 20cm이고 흰꽃이 핀다.

디지털리스

현삼-과

Digitalis purpurea
(di-ji-ta'lis per-pu're-a)

Common Foxglove,
Foxy

크 기	높이 90~150cm로 곧게 서며 포기 60m로 자란다. 두해살이 식물이나 가을 파종 한해살이 화초로 취급된다.	
형 태	*잎*	어긋나며, 잎자루가 작고 줄기 밑에서 나온 잎은 크고 피침형이며 온몸에 면모(綿毛)가 있다.
	꽃	줄기에 종 모양의 꽃이 총상화서로 달리며 꽃의 크기는 5~7.5cm이고 빛깔은 보라빛이고 꽃잎 안에는 점들이 있고 개화기는 봄부터 여름까지 6~10주 정도로 길다. 흰꽃, 분홍, 노랑 등도 있다.
	개화기	5~7월.
자생지	서 유럽, 영국.	
재 배	*적지*	햇빛이 잘 들거나 반그늘(여름철 오후에)진 곳으로 배수가 좋고 유기물이 있는 토양.
	이식	식재거리 30cm.
	병충해	줄기썩음병, 탄저병.
	번식	실생번식, 직파, 발아온도 20℃이고 15~20일에 싹이 튼다.
조 경	경재화단의 뒤쪽, 집단식재, 용기식재, 절화, 서늘해지는 밤이 되면 꽃 빛깔이 더욱 곱다.	
학 명	*속명*	라틴어로 장갑의 손가락을 가리는 것으로 관상화관(管狀花冠)을 고대 영명에서 요정의 장갑이라고 부른데서 유래.
	종명	보라빛의.
	재배변종	'Foxy Mixed' : 높이 90~120cm. 'Alba', 'Excelsior', 'Shirley'

꽃 베고니아

추해당-과

Begonia semperflorens
(be-go'ni-a sem-per-flo'rens)

Wax Begonia

크 기 높이 15~20cm, 포기 15~20cm로 자라며 줄기는 다육질이고 윤이 난다. 자생지에서는 여러해살이 식물이나 한해살이 화초로 다룬다.
형 태 *잎* 어긋나며, 윤이 나고 두꺼우며 둥글다. 녹색 또는 적갈색 빛이다.
꽃 둥근 형태의 식물은 홑꽃 또는 겹꽃이 잎 겨드랑이에서 집산화서로 달린다. 4cm 정도 크기의 빨강, 분홍, 흰꽃 등의 빛깔이 있고 6월부터 서리가 내릴 때까지 핀다.
개화기 6~10월.
자생지 남 아메리카 브라질.
재 배 *적지* 반그늘이나 햇빛이 드는 곳으로 습기가 있고 비옥한 토양. 뜨거운 여름에는 아침 햇살이나 저녁 그늘이 이상적이다. 갈색 잎은 햇빛과 태양열에 잘 견딘다.
이식 식재거리 15~20cm.
병충해 별로 없다.
번식 실생번식, 발아온도 20℃에서 10일에 싹이 튼다. 생육적온은 15~20℃.
조 경 화단에서 테두리 식재, 용기식재, 창가 꽃상자, 바구니 걸이.
학 명 *속명* 산도밍고의 총독 미셀 베곤(Michel Begon ; 1638~1710)을 기념.
종명 꽃이 계속 피는.
재배변종 'Cocktail' : 갈색 잎이다.
'Gin' : 붉은 꽃이 핀다.
'Excel Mixed' : 녹색 또는 갈색 잎이고 빨강, 분홍, 흰꽃이 핀다.

로벨리아

숫잔대-과

Lobelia erinus
(lo-be'li-a i-ri'-nus)

Edging Lobelia

크 기 높이 15~20cm, 포기 15~25cm로 자란다. 줄기는 잘 분지되어 반구형(半球形)을 이룬다.

형 태 *잎* 어긋나고, 도란형 또는 가는 피침형이다.
꽃 가느다란 꽃대에 12~18mm의 보라빛 꽃이 달리며 꽃의 안쪽은 흰빛이다.
개화기 4~7월.

자생지 남 아프리카.

재 배 *적지* 햇빛이 잘 들거나 또는 반그늘(무더운 지역에서)지며 배수가 좋고 유기물이 풍부한 지역.
이식 식재거리 15~20cm, 가을에 파종해서 봄에 이식한다.
병충해 묘잘록병.
번식 실생번식, 가을에 파종한다.

조 경 화단, 경재화단에서 앞쪽에 식재, 용기식재, 창가 꽃상자, 바구니 걸이, 테두리 식재.

학 명 *속명* 영국의 식물학자 마시어스 데 로벨(Matthias de lobel, 1538~1616)에서 유래.
종명 아일랜드의(옛 이름).
재배변종 'String of Pearls' : 덩굴이다.
'Basket Lovelia' : 덩굴이다.

락스퍼

미나리아재비-과

Consolida ambigua (syn. Delphiniam ambigua)
(con-so'-li-da am-bi-gua)

Larkspur,
Rocket Larkspur
Annual Delphinium

크 기 높이가 왜생종은 30cm, 고생종은 1.2m로 곧게 서며 포기 30cm로 자란다.

형 태 *잎* 가늘게 갈라지고 밝은 녹색이다.
꽃 줄기에 수상화서가 달리며 보라, 분홍, 흰색 빛으로 늦봄부터 한여름까지 핀다.
개화기 6~8월.

자생지 유럽 남부.

재 배 *적지* 햇빛이 잘 들고 배수가 좋은 토양으로 유기물이 있어야 한다.
이식 식재거리 20~30cm.
병충해 별로 없다.
번식 실생번식, 직파하고 솎아낸다. 가을에 파종한다.

조 경 화단, 경재화단의 배경식재, 주택정원, 절화.

학 명 *속명* 의약성분이 있는.
종명 애매 모호한.
재배변종 'Giant Imperial Mixed' : 높이가 1.2m이고 가지를 잘 치며 겹꽃으로 보라, 분홍, 흰색 등이 있다.

그밖의 종 *C. orientalis* : 남 유럽, 서 아시아, 북 아프리카 원산으로 높이 1m로 자란다. 줄기가 튼튼하며 많은 꽃이 길이는 30cm의 수상화서에 흰, 분홍, 보라꽃이 달린다.

스위트 피

콩-과

Lathyrus odoratus
(lath'i-rus o-do-ra'tus)

Sweat Pea

크 기 높이 1.2~1.8m, 포기 15~30cm로 자라는 덩굴식물이다.

형 태 *잎* 소엽이 3개인 우상복엽으로 덩굴손이 있어서 다른 물체를 감는다.

꽃 꽃자루가 길며 총상화서가 잎 겨드랑이에서 나와 여러 개의 나비 모양의 꽃이 핀다. 분홍, 빨강, 보라빛 등이 있다.

개화기 6월.

자생지 시실리.

재 배 *적지* 햇빛이 잘 들고(한여름에는 오후에 그늘진 곳) 배수가 좋으며 항상 습기가 있고 유기물이 풍부한 비옥한 토양.

이식 식재거리 10~15cm, 뿌리를 서늘하게 하고 습도 유지를 위해 멀칭하며 가물면 관수한다.

병충해 별로 없다.

번식 실생번식, 파종하기 전에 종자를 물에 담가서 불린다. 직파도 가능하다. 가을 파종(10월), 발아온도 15~20℃, 생육온도 10~20℃.

조 경 화단, 경재화단, 주택정원, 서늘한 밤에는 꽃 빛깔이 더욱 아름답다. 펜스, 트렐리스에 장식한다. 절화.

학 명 *속명* 그리스어 la(매우)와 thyros(자극하다, 정열적인)의 합성어로 최면성이 있다는데서 유래.

종명 향기가 있는.

네모필라

쥐꼬리망초-과

Nemophila menziesii
(ne-mo-fi-la men-zi-e-se-i)

Baby-Blue-Eyes

크　　기　높이 15～20cm, 포기 30cm로 자란다.
형　　태　*잎*　전체에 거친 털이 있고 가지를 잘 치며 잎은 7～8개가 우상(羽狀)으로 깊게 갈라진다.
꽃　줄기 끝에 하늘색, 흰색 등의 꽃이 핀다. 꽃잎은 다섯 장이고 꽃밥은 5개의 하늘색 꽃잎의 밑부분, 즉 가운데는 흰빛을 띤 진보라빛이다.
개화기　7～8월.
자 생 지　미국 캘리포니아.
재　　배　*적지*　햇빛이 잘 들고 반그늘진 곳(아침해가 들고 오후에 그늘진 곳이 이상적이다.)으로 습기 있고 배수가 좋으며 유기물이 있는 사양토.
이식　식재거리 15cm.
병충해　별로 없다.
번식　실생번식, 직파 가능, 자연발아가 잘 된다. 발아온도 20℃, 가을에 파종(10월)한다.
조　　경　화단, 경재화단, 테두리 식재, 화분, 용기식재.
학　　명　*속명*　그리스어 nemos(숲속의 빈터)와 phileo(사랑하는)의 합성어로 그늘진 곳에서 잘 자라는데서 유래.
종명　서북부 아메리카에서 채집활동을 한 식물학자이자 해군상사인 Archibald Menzies(1754～1782)의.
재배변종　'Snow Storm' : 높이 15～20cm이고 흰꽃이 핀다.
'Peter Blue'
'Atomaria'

우스토마 [리시안서스]

용담-과

***Eustoma grandiflorum* (syn. *Lisianthus russlanus*)**
(u-sto'ma gran-di-flo'rum)

Prairie Gentian,
Eustoma,
Texas Bluebell,
Lisianthus

크 기　높이 30~60cm, 포기 30cm로 자란다. 두해살이 식물이나 한해살이 화초로 취급된다.

형 태　*잎*　가느다란 줄기에 마주나며, 잎자루가 없고 줄기를 감싸는 긴 타원형으로 회녹색이다.

꽃　줄기 끝에 꽃봉오리가 오랜 동안 달려 있다가 홑꽃 또는 겹꽃이 피는데 양귀비나 장미를 닮았다. 크기는 7.5cm이며 흰색, 분홍, 우유빛, 남보라빛 꽃이 핀다.

개화기　8월.

자생지　북 아메리카의 네브라스카, 텍사스.

재 배　*적지*　햇빛이 잘 들거나 한여름에 반그늘지는 곳으로 배수가 좋은 토양, 여름밤 서늘한 날에는 꽃 빛깔이 선명하다. 습기를 싫어해 비가 적은 곳이 좋다.

이식　식재거리 15cm.

병충해　습하면 묘잘록병에 걸리기 쉽다.

번식　실생번식, 발아온도 25~30℃, 생육온도 15~20℃, 남쪽에서는 가을에, 북쪽에서는 봄에 파종한다.

조 경　화단, 경재화단, 용기식재, 절화.

학 명　*속명*　좋은(eu)과 기공(stoma)의 합성어.

종명　큰 꽃의.

재배변종　'Yodel Pink' : 높이 45cm로 자라고 분홍꽃이 핀다.
'Yodel Blue' : 높이 45cm로 자라고 파랑꽃이 핀다.
'Yodel White' : 높이 40cm로 자라고 흰꽃이 핀다.

스위트 스카비오사 (진보라 솔체꽃)

산토끼꽃-과

Scabiosa atropurpurea
(ska-bi-o'sa at-ro-per-pu're-a)

Sweet Scabiosa,
Pincusion Flower,
Mourning Bride

크 기 높이 60~90cm로 자라며 가지를 많이 친다.

형 태 *잎* 뿌리에서 나오며 난상 피침형인데 우상으로 깊게 갈라지고 열편은 긴 타원형 또는 선상 피침형이다.

꽃 두상화서는 정생하며 보라, 분홍, 빨강, 황백색, 흰색, 자홍색 등의 빛깔이 있다.

개화기 5~6월.

자생지 지중해 연안, 유럽, 아프리카, 아시아.

재 배 *적지* 햇빛이 잘 들고 배수가 잘 되는 양토와 알칼리성 토양이 좋다.

이식 식재거리 20~30cm.

병충해 별로 없다.

번식 실생번식, 가을에 파종(10월)한다. 발아온도 15℃, 재배적온은 10~15℃, 직파는 가능하다.

조 경 화단, 경재화단에서 강조식물, 부케, 절화.

학 명 *속명* 라틴어 scabies(옴)에서 유래, 피부병을 고치는 성분이 있다.

종명 진보라의.

재배변종 'Giant Imperial' : 꽃이 크다.

'Ace of Spade' : 진한 보라빛이다.

'Blue Cockade' : 푸른색 꽃이 핀다.

그밖의 종 *S. caucasica* : 높이 60cm로 자란다.

S. columbaria : 높이 30cm로 자란다.

접시꽃

아욱-과

***Alcea rosea*(syn. *Althea rosea*)**
(al-se'-a ro'za)

Hollyhock

크 기 높이 90~180cm, 포기 60cm로 자란다.
형 태 *잎* 심장형으로 잎자루가 길고 잎몸은 10cm 이상이며 톱니가 나 있다.
꽃 불룩한 꽃송이에서 접시 모양의 꽃이 홑꽃 또는 겹꽃으로 핀다. 흰색, 빨강, 분홍, 노랑빛깔이 있고 꽃의 크기는 12~15cm이며 한여름에 핀다.
개화기 6~8월.
자생지 중국, 아시아 서부.
재 배 *적지* 햇빛이 잘 들고 배수가 좋은 토양.
이식 식재거리 45~60cm.
병충해 녹병.
번식 실생번식, 자연발아가 잘 된다.
조 경 경재화단, 관목 앞에 강조식재, 담장, 펜스 등을 따라서 식재.
학 명 *속명* 그리스어 Althaea는 치료가 되는 뜻으로 약효가 있다.
종명 장미빛이.
재배변종 'Summer Carnival' : 높이 1.5m이고 꽃 빛깔은 다양하고 겹꽃이다.
'Nigra' : 높이 1.5m이고 적갈색 꽃이 핀다.
'Chater's Improved'
'Begonia Flowered'

스토크 [비단향 꽃무우]

십자화-과

Matthiola incana
(ma-ti-o-la in-ka'-na)

Stock,
Brompton Stock,
Gillyflower

크 기 높이 30~60cm, 포기 30cm로 자란다. 두해살이 식물이나 흔히 한해살이 화초로 재배한다.

형 태 *잎* 피침형으로 회백색의 털이 있는 회녹색이다.
꽃 튼튼한 줄기에 총상화서가 달린다. 2~3cm 크기로 꽃잎은 4장이며 여름에 핀다. 홑꽃은 향기가 강하며 겹꽃은 화려하다.
개화기 4~5월.

자생지 남부 유럽(지중해 지역).

재 배 *적지* 햇빛이 잘 들고 배수가 좋은 비옥한 토양.
이식 식재거리 15~20cm.
병충해 묘잘록병, 균핵병, 잿빛 곰팡이병.
번식 실생번식, 파종은 늦은 봄이나 초여름(겨울이 따뜻한 남쪽 지방)에 한다. 토양에 흩어뿌리고 갈퀴로 가볍게 덮는다. 싹이 튼 후 15~20cm 거리로 솎아낸다. 피복을 해준다.

조 경 화단, 경재화단, 절화, 향기가 좋아 앉아서 쉴 곳에 식재한다.

학 명 *속명* 16세기의 이탈리아 식물학자 피에르 안드레아 마티올리 (Pier Andrea Mattioli ; 1500~1577)에서 유래
종명 회백색의, 회백색 연모로 덮인.
재배변종 'Perfection'
'Giant Column'
'Austral' : 높이 45cm로 자란다.
'Dwarf' : 높이 30cm로 자란다.

그밖의 종 *M. longipetals* subsp. *bicornis* : 높이 30cm이고 보라, 흰꽃이 피며 밤에 향기가 진하다.

이베리스

십자화-과

Iberis umbellata
(i-be'ris um-bel-la'ta)

Annual Candytuft,
Globe Candytuft

크 기 높이 20~30cm, 포기 20~25cm로 자라며 줄기는 잘 분지된다.

형 태 *잎* 어긋나고 선형 또는 피침형으로 거친 톱니가 있다.

꽃 작은 꽃들이 줄기 끝에 모여서 달리는데 꽃송이는 5cm 크기이고 늦봄부터 한여름까지 핀다. 꽃 하나의 크기가 6~12mm로 꽃잎은 4장이며 빛깔은 흰색, 분홍, 보라, 빨강 등 다양하다.

개화기 6~8월.

자생지 유럽(이탈리아, 스페인).

재 배 *적지* 햇빛이 들거나 부분 그늘진 곳을 좋아하며 배수가 잘 되어야 한다.

이식 식재거리 15~20cm.

병충해 별로 없다.

번식 실생번식, 직파. 가을에 파종한다.

조 경 테두리 식재, 화단, 경재화단.

학 명 *속명* 그리스의 고대 이름으로 이베리아(iberia)반도의 자생지에서 유래된 것으로 추측된다.

종명 우산 모양의.

재배변종 'Atro Purpurea'
'Cardinal'
'Lavender'
'Lilac'
'Rosea'

III

여러해살이 화초

여러해살이 화초는 한 번 심어 놓으면 영구적으로 가기 때문에 일손이 덜 간다. 또한 1년 내내 공간을 차지하게 된다.

1) 여러해살이 화초의 식재장소

① 지피식물 : 잔디가 자라지 못하거나 관리가 어려운 장소를 대신해서 심는다(비비추, 은방울꽃, 꽃잔디, 세덤)

② 테두리 식재 : 꽃밭의 가장자리, 원로(園路, Garden path)의 가장자리, 경재화단의 앞쪽 등에 식재한다(비비추, 석죽, 초롱꽃).

③ 암석정원 : 언덕에 노출되어 있는 자연형태의 바위동산을 만드는 것으로, 바위 옆에 여러해살이 화초를 심는다.

④ 담벽정원 : 돌담에서 돌틈 사이에서 식물을 심는 것이다. 돌담 뒤쪽에는 유기질이 있는 양토를 넣는다.

⑤ 꽃밭 : 여러해살이 화초 한 종류만 꽃밭에 심기도 하지만 보통 한해살이 화초와 알뿌리 화초를 섞어 심는다.

⑥ 경재화단 : 담 밑이나 울타리 앞에 키가 큰 여러해 화초를 심는다. 여기에는 일손이 덜 간다.

⑦ 그늘진 정원 : 그늘에 적응력이 있는 여러해살이 화초를 나무 밑이나 담장밑 응달진 곳, 북사면 언덕 등에 심는다.

⑧ 야생풍경 정원 : 야생풍경을 창출하기 위하여 식재한다.

2) 여러해살이 화초 선정시 고려사항

① 화초의 개화기를 연결하는 것이다. 봄부터 가을까지 개화 시기가 각각 다른 여러해살이 화초들의 선택에 있어서 개화시기를 연결하는 것이 좋다. 공간이 제한되고 종류도 단순해야 하는 곳에는 개화기간이 긴 화초를 선택해야 한다. 개화시기를 연결하기 위해서는 화초의 개화기 목록을 만들어 이용하는 것이 좋다. 한 종류의 화초만 꽃이 필 경우에는 한 가지 화초를 많이 심어 집단식재한다.

② 식물의 생장습성을 고려해야 한다. 화초마다 키가 높이 자라는 것, 옆으로 가지를 많이 쳐서 포기가 넓어지는 것, 덩굴성인 것, 땅으로 기는 것 등 생장 특성이 각기 다르다.

③ 재배하기 쉬운 화초를 선택해야 한다. 이 문제는 지역 또는 장소에 따라 달라진다. 예를 들면 델피움, 프록스 등은 시원한 여름에 쉽게 재배되지만 너무 무더운 지역에서는 재배가 어렵다. 또한 리아트리스는 초보자가 재배하기에 어려운 화초들이다.

3) 여러해살이 화초의 꽃밭 꾸미기

꽃밭을 꾸미려면 식재를 위해 종이 위에 미리 식재계획을 세워야 한다.

꽃밭의 크기에 따라 3월부터 10월까지 달마다 꽃피는 시기가 다른 화초를 알맞게 선정해야 한다. 즉 꽃밭 앞쪽에는 키가 작은 화초를, 뒤쪽에는 키가 큰 화초를 식재한다. 90㎝ 폭의 꽃밭에서는 크기가 다른 두 가지 종류의 화초만을 선정하고 매달마다, 계절마다 꽃을 피우게 하기 위해서는 화초들을 섞어서 심어야 한다. 따라서 알뿌리 화초, 여러해살이 화초들을 함께 심어야 한다. 작은 꽃밭에서는 한두 종류의 화초만 심게 되지만 비교적 큰 꽃밭에는 10여 종의 화초가 필요하다. 화초의 종류, 포기 수를 정하는 것은 화단의 크기에 따라서 달라지는데 화단의 효과적인 크기는 폭이 150~180㎝일 때에 가장 크게 나타난다.

4) 색채의 배합

꽃밭을 계획할 때 화초의 꽃 빛깔에 따라 배치함으로써 개화했을 때 꽃밭의 꽃들이 어울리게 되는데 이것을 색채의 배합이라고 한다. 이것은 전적으로 식재 설계가의 취향과 의도에 따라 다양하게 나타날 수 있다. 그래서 색채 배합을 위해서는 화초에 관한 지식에 있어야 한다. 또한 색채의 전이(轉移)라 하여 밝은 색에서 더욱 밝은 색으로, 엷은 색에서 진한 색으로 전이되어야 한다. 따라서 화초학은 과학과 기술을 실제 경험으로 접목시킨 유일한 학문이다.

5) 화초의 조합

색채의 배합뿐만 아니라 2~3종의 각기 다른 화초들의 조합에 대해서도 관심을 가져야 한다. 여러해살이 화초끼리의 조합, 여러해살이 화초와 한해살이 화초의 조합, 또는 알뿌리 화초들과의 조합을 비롯해 꽃밭에 서 있는 상록수와의 조합 등이 있다. 이러한 조합의 꽃밭은 매력을 더욱 증가시키게 될 것이다.

6) 겨울철 관리

추운 겨울이 되면 여러해살이 화초들의 지상부는 말라서 죽게 된다. 이러한 것들은 모두 걷어내 태우거나 땅속에 묻는다. 땅속에 묻혀 있는 뿌리는 추운 겨울을 언 땅속에서 묻혀서 월동을 한다. 땅 가까이에는 겨울 눈(冬芽)이 추위에 노출되어 있는데, 추위로부터 보호하기 위해 짚, 퇴비, 낙엽 등으로 일반적인 피복을 한다. 이렇듯 겨울눈은 피복재료에 덮여서 추운 바람을 피할 수 있고, 건조에 견디며 살아남아 봄에 새싹을 내게 될 것이다.

패랭이꽃
유럽 패랭이꽃
리크니스
동자꽃
사포나리아
복수초
아퀼레지아(서양 매발톱꽃)
매발톱꽃
그리스 바람꽃
아네모네
꿩의 바람꽃
촛대 승마
델피니움(꽃 제비꼬깔)
작약(적작약)
할미꽃
금낭화
세덤(대경천)
기린 초
아스틸베(아렌드 노루오줌)
버제니아
바위취
루피너스
아메리카 부용
물레나물
앵초
프리물라(꽃 앵초)
아주가
꽈리
스카비오사(서양 솔체꽃)
초롱꽃

도라지
국화
샤스타 데이지
마거리트(데이지)
옥스아이 데이지
숙근 코레옵시스(금계국)
숙근 가일라디아(천인국)
리아트리스
루드베키아
키다리 루드베키아
라벤더
꽃잔디
숙근 프록스
피소스테지아
천남성
창포
자주 달개비
은방울꽃
원추리
옥잠화
비비추
니포피아(횃불 나리)
맥문동
삿갓나물
둥굴레
아가판더스
꽃창포
붓꽃
독일 붓꽃
범부채

패랭이꽃

석죽-과

Dianthus sinensis
(di-an'thus si-nen'sis)

Chinese Pink,
Rainbow Pink

크 기 높이 30~40cm로 줄기는 곧게 서고, 포기 30cm로 자란다.
형 태 *잎* 마주나며, 선형(線形) 또는 피침형(披針形)으로 길이 3~4cm, 너비 7~9mm이다.
꽃 줄기나 가지 끝에 1개씩 달리며, 2cm 크기의 분홍빛 꽃이 핀다. 꽃잎은 다섯 장이고 끝에 술 장식이 있다.
개화기 7~8월.
자생지 한국 산기슭의 풀밭이나 개울가의 모래땅.
내한성대 3, 4, 5, 6, 7, 8.
재 배 *적지* 햇빛이 잘 들고 배수가 좋은 모래 또는 양토.
이식 식재거리 20cm.
병충해 녹병.
번식 포기 나누기, 꺾꽂이, 실생번식.
조 경 경재화단의 앞쪽, 보도를 따라서 테두리 식재, 암석정원, 돌담.
학 명 *속명* 그리스어 dios(그리스 신화중의 주피터 신)와 anthos(꽃)의 합성어이며 주피터 자신의 꽃이라는 뜻에서 유래
종명 중국의.
그밖의 종 *D. morii* (난쟁이 패랭이꽃) : 백두산 중턱에 난다.
D. superbus var. *longicalycinus* (술패랭이) : 꽃잎이 갈라진다.
D. japonicus (갯패랭이꽃) : 경남 해변에 난다.
D. littorosus (섬패랭이꽃) : 울릉도에 난다.

유럽 패랭이꽃

석죽-과

Dianthus plumarius
(di-an'thus plu-ma-ri-us)

Cottage Pink,
Grass Pink,
Common Pink

크 기	높이 45~60cm, 포기 30cm로 자란다.	
형 태	*잎*	마주나며, 선형 또는 피침형으로 회녹색이다.
	꽃	많은 가지가 분지되며 그 끝에 1개씩 분홍빛 꽃이 초여름부터 한여름에 피는데, 꽃잎은 다섯 장이고 잎가에 술 장식이 있다.
	개화기	5~8월.
자생지	유럽의 중동부(오스트리아).	
내한성대	3, 4, 5, 6, 7, 8.	
재 배	*적지*	햇빛이 잘 들고 배수가 좋은 모래 또는 양토이며 중성 또는 약산성 토양이 좋다.
	이식	식재거리 20cm, 2~3년마다 포기 나누어 식재한다.
	병충해	녹병.
	번식	포기 나누기, 꺾꽂이.
조 경	경재화단에서 앞쪽, 보도를 따라서 테두리 식재, 암석정원, 돌담.	
학 명	*속명*	그리스어 dios(그리스 신화 중의 제우스와 주피터 신)와 anthos(꽃)의 합성어이며 주피터 자신의 꽃이라는 뜻이다.
	종명	꽃잎에 술 장식이 있는.
	재배변종	'Essex Witch' : 분홍꽃이 핀다. 'Helen' : 겹꽃으로 분홍꽃이 핀다. 'Mrs. Sinkins' : 겹꽃으로 흰꽃이 핀다. 'Spring Beauty' : 겹꽃으로 흰색, 분홍, 빨강 등의 꽃이 핀다.

리크니스

석죽-과

Lychnis chalcedonica
(lik'nis chal-se-don'i-ka)

Maltese Cross,
Jersalem Cross

크 기 높이 60~90cm, 포기 30~45cm로 자란다.
형 태 *잎* 마주나며, 좁은 피침형으로 진한 녹색이다.
꽃 줄기 끝에서 나오는 원추화에 흰색, 빨강, 자주 등의 꽃이 한여름에 핀다. 꽃잎은 관상(管狀)인데 5갈래이고 꽃잎은 다섯 장이다.
개화기 7~8월.
자 생 지 소 아시아, 북 러시아, 시베리아.
내한성대 4, 5, 6, 7, 8.
재 배 *적지* 햇빛이 잘 들고 반그늘진 곳으로 습기가 있고 배수가 좋으며 비옥한 토양.
이식 식재거리 30cm, 2~3년마다 포기 나누기하여 식재.
병충해 별로 없다.
번식 실생번식(가을 파종), 포기 나누기(봄, 가을).
조 경 화단, 경재화단에서 강조식물, 용기식재, 절화, 야생풍경식재.
학 명 *속명* 그리스어 lychnos(불꽃)에서 온 것으로, 이 속의 어느 종의 꽃이 불꽃 모양이다.
종명 터키 이스탄불의 이웃지역 chalcedon의.
그밖의종 *L. coronaria* (Dusty Miller, Rose Campion) : 은회색 잎과 줄기 끝에서 한여름에 5장의 심홍색 꽃이 핀다〈위 그림〉.
'Alba' : 흰색 꽃이 핀다.
'Flora Plena'

동자꽃

석죽-과

Lychnis cognata
(lick'nis ko'g-nei-ta)

Catchfly,
Campion

크 기	높이 40~100cm, 포기 20~30cm로 자란다.	
형 태	*잎*	마주나며, 긴 타원형으로 길이 5~8cm, 너비 3~5cm이다. 잎자루는 없으며 앞 뒤에 털이 나 있다.
	꽃	줄기 끝과 위쪽 잎 겨드랑이에서 크기 4cm의 주황색 꽃이 한 송이씩 달린다. 꽃잎은 10장이고 꽃잎 끝에 잔 톱니가 있다.
	개화기	7~8월.
자 생 지	한국의 산지의 숲속.	
내한성대	4, 5, 6, 7, 8.	
재 배	*적 지*	반그늘진 곳으로 배수가 좋고 비옥한 토양.
	이 식	식재거리 20cm.
	병충해	별로 없다.
	번 식	포기 나누기, 실생.
조 경	경재화단, 주택정원, 숲속 경관식재, 야생풍경 꽃밭.	
학 명	*속 명*	그리스어 lychnos(불꽃)에서 온 것으로, 이 속의 어느 종이 불꽃같이 빨간데서 유래.
	종 명	조상이 같은, 동족의, 친족의.

사포나리아

석죽-과

Saponaria ocymoides
(sap-o-na'ri-a okim-oi-dez)

Soapwort,
Rock Soapwort

크 기 높이 10~15cm, 포기 30~45cm로 자라며 줄기가 많이 퍼진다.
형 태 *잎* 피침형으로 넓고 평편하며 끝은 뾰족하다.
꽃 줄기와 가지 끝에 다섯 장의 꽃잎을 가진 3cm 정도 크기의 분홍색 꽃이 한여름에 핀다.
개화기 7~8월.
자생지 유럽의 중앙부, 스위스 등.
내한성대 4, 5, 6, 7, 8.
재 배 *적지* 햇빛이 잘 들고 반그늘진 곳으로 배수가 좋은 토양에서 잘 자란다. 가뭄에 잘 견딘다.
이식 식재거리 20~30cm, 포기 나누어 심는다. 묵은 줄기는 2~3년마다 베어낸다.
병충해 별로 없다.
번식 포기 나누기, 꺾꽂이.
조 경 보도를 따라서 테두리 식재, 화단에 테두리 식재, 경재화단에서 앞쪽에 식재, 암석정원, 메담(dry walls).
학 명 *속명* 라틴어 sapo(비누)에서 유래된 것으로, 이 속 어느 종이 즙액이 물에 녹으면 거품이 생긴다.
종명 ocimum속을 닮은.
재배변종 'Alba' : 흰꽃이 핀다.
'Rubra compacta' : 분홍 내지 우유빛 꽃이 핀다.
그밖의종 *S. lempergii* : 높이 10~15cm의 분홍꽃이 핀다. 내한성 5~8.
S. dfficinalis : 높이 30~75cm의 연분홍꽃이 핀다. 내한성은 2~8.
S. elegans : 높이 6~9cm의 연분홍꽃이 핀다. 내한성이 있다.

복수초

미나리아재비-과

Adonis amurensis
(a-do'nis a-moor-en'sis)

Amur Adonis,
Pheasant's Eye

크 기	높이 15~30cm, 포기 20cm 정도로 자란다.	
형 태	*잎*	어긋나고, 3회 우상복엽으로 길이 3~10cm이다. 우상(羽狀 ; 새깃 모양)으로 여러 갈래로 갈라지고 잘게 갈라진 턱잎이 있다. 진한 녹색이다.
	꽃	줄기나 가지 끝에 3~4cm 크기의 꽃이 피는데 7~21장의 꽃잎에는 노랑색으로 광택이 난다.
	개화기	3~4월.
자생지	한국의 숲속, 시베리아.	
내한성대	1, 2, 3, 4, 5, 6.	
재 배	*적지*	반그늘이고 배수가 좋으며 비옥한 양토.
	이식	식재거리 20cm로 꽃이 진 후 그늘에 이식한다.
	병충해	별로 없다.
	번식	실생번식, 포기 나누기.
조 경	화단, 경재화단, 화분, 용기식재, 숲속 경관식재.	
학 명	*속명*	그리스 신화에 나오는 청년 아도니스(Adonis)의 이름이며, 유럽종의 꽃이 붉은 것은 청년의 피에 비유한데서 유래함.
	종명	흑룡강의.
	재배변종	'Fukujukai' 'Nadeshiku' 'Pleniflora' 'Yatsubusa'

아퀼레지아 [서양 매발톱꽃]

미나리아재비-과

Aquilegia×hybrida
(ak-wi-le'ji-a hib'ri-da)

Hybrida Columbine

크 기 높이 60~90cm, 포기 30~60cm로 자란다.
형 태 *잎* 어긋나며, 우상의 회녹색이고 소엽은 깊게 갈라진다.
꽃 가느다란 줄기 끝에 크기 9~12cm의 꽃이 봄부터 초여름에 핀다. 빛깔은 단색 또는 이중색이며 노랑, 빨강, 하늘색, 보라, 분홍, 흰색 등이 있고 1.2~10cm의 긴 거(며느리발톱, spur)가 5개가 있다.
개화기 5~6월.
자 생 지 원종은 북 아메리카이며 교잡종이다.
내한성대 4, 5, 6, 7, 8, 9.
재 배 *적지* 햇빛이 잘 들고 반그늘진 곳으로 부식질이 풍부하고 배수가 좋은 토양.
이식 식재거리 30cm, 가을에 실생묘를 심는다. 포기 나누기는 3~4년마다 한다.
병충해 7~8월에 고온다습하면 균핵병이 발생한다.
번식 포기 나누기, 실생번식(봄에 파종하고 가을에 정식하면 다음해 여름에 꽃이 핀다.).
조 경 경재화단, 암석정원, 돌담가를 따라서 식재.
학 명 *속명* 라틴어 aguila(독수리)에서 유래. 꽃에 있는 꼬부라진 거(距, 며느리발톱, spur)가 독수리의 발톱과 같다.
종명 교잡의.
재배변종 'Biedermier' : 높이 30cm의 혼합색 꽃이 핀다.
'Crimson Star' : 높이 75cm의 크림색과 흰꽃이 핀다.
'Dragonfly' : 높이 25~30cm의 혼합색 꽃이 핀다.
'Mckana' : 혼합색의 큰 꽃이 핀다.
'Nora Barlow' : 빨강, 흰색 등 겹색의 꽃이 핀다.

매발톱꽃

미나리아재비-과

Aquilegia buergeria* var. *oxysepala
(ak-wi-le'ji-a buer-ger-ia vər. ok-si-se-pa'l-ia)

Columbine

크 기 줄기는 곧게 서고 높이 50~70cm, 포기 30~40cm로 자란다.

형 태 *잎* 뿌리에서 나온 잎은 잎자루가 길고 잎몸은 3개로 깊게 갈라지며 열편(裂片)은 다시 3개로 갈라져 마치 아홉 개의 소엽처럼 보인다. 뒷면은 회백색이다.

꽃 줄기 끝에서 1개씩 밑으로 향해 달리며 자주빛 꽃이 핀다.

개화기 6~7월.

자생지 한국.

내한성대 3, 4, 5, 6, 7, 8.

재 배 *적지* 반그늘진 곳으로 습기가 있고 배수가 좋으며 유기물이 있는 토양.

이식 식재거리 30cm, 봄에 심는다.

병충해 별로 없다.

번식 포기 나누기, 실생번식.

조 경 경재화단, 숲속 경관식재.

학 명 *속명* 라틴어 aquila(독수리)에서 유래. 꽃에 달린 꼬부라진 거(spur)가 독수리 발톱과 같다.

종명 독일의 식물학자로 중국과 일본 식물을 채집해 온 TH. J. Buergers를 기념한 것이다.

변종명 뾰족한 꽃받침이 있는.

그밖의 종 *A. canadensis* : 캐나다 원산으로 노랑꽃잎에 붉은 꽃받침이 있다.

그리스 바람꽃

미나리아재비-과

Anemone blanda
(a-nem'o-ne blan-da)

Grecian Wind Flower

크 기 잎과 꽃대의 길이가 15cm, 포기 10~15cm로 자란다.
형 태 *잎* 뿌리에서 나오며 고사리잎 모양으로 깊게 갈라지고 톱니가 있다.
꽃 데이지 꽃 모양으로 크기 2.5~5cm이고 보라, 분홍, 흰색 등의 꽃이 이른 봄에 핀다.
개화기 4월.
자생지 유럽의 동남부 그리스, 아시아 서부.
내한성대 5, 6, 7, 8.
재 배 *적 지* 햇빛이 잘 들고 반그늘진 곳(낙엽교목이나 관목 아래)으로 습기가 있고 배수가 좋은 토양.
이 식 식재거리 10~15cm, 깊이 5cm로 가을에 심는다. 식재 전에 하룻밤 동안 뿌리를 물에 담가 놓는다.
병충해 별로 없다.
번 식 실생번식, 자연발아가 잘된다. 포기 나누기.
조 경 낙엽교목 아래에 자연풍경으로 집단식재, 화분, 창가 꽃상자
학 명 *속 명* 그리스의 이름 Anemone(바람의 딸)에서 유래.
종 명 기분 좋은, 맛이 좋은, 부드러운.
재배변종 'White Splendour' : 꽃잎은 흰색이고 가운데는 노란색이고, 봄부터 초여름까지 핀다.
'Blue Star' : 보라빛 꽃이 핀다.
'Rader' : 꽃잎은 빨강이고 가운데는 흰색이다.

아네모네

미나리아재비-과

Anemone × hybrida
(a-nem'o-ne hib'ri-da)

Anemone,
Windflower

크 기 높이 90~150cm, 포기 60~90cm로 자란다.
형 태 *잎* 뿌리에서 나오며 잎자루가 있는 3출 복엽이다.
꽃 비스듬히 자라는 줄기나 가지 끝에 한 송이씩 흰색의 꽃이 늦여름부터 가을에 수주일간 핀다. 홑꽃과 겹꽃이 있는데 홑꽃은 꽃잎이 5장이고 겹꽃은 10장이다.
개화기 9~10월.
자 생 지 원종은 연분홍색으로 피는 *A. hupehensis*이며, 교잡종이다.
내한성대 5, 6, 7, 8.
재 배 *적지* 햇빛이 잘 들고 반그늘진 곳(남쪽지방에서는 오후 햇빛을 가릴 수 있는 곳)으로 습기가 있고 비옥한 토양.
이식 식재거리 40~50cm, 포기 나누어 식재.
병충해 별로 없다.
번식 포기 나누기.
조 경 화단, 경재화단에서 강조식물, 절화.
학 명 *속명* 지중해 지역에서 자라는 아네모네의 그리스 이름으로 wind flower(바람의 꽃)에서 유래.
종명 교잡의.
재배변종 'Honorine Jobert' : 높이 90~120cm로 흰꽃이 핀다.
'Margaret' : 높이 90cm로 핑크색 겹꽃이 핀다.
'Max Vogel' : 높이 120cm로 커다란 핑크색 홑꽃이 핀다.
'Whirlwind' : 흰색의 겹꽃이 핀다.
'Queen Charlotte'
'Lorelei'

꿩의 바람꽃

미나리아재비-과

Anemone raddeana
(a-nem'o-ne ra-de-a'na)

Raddle Wind Flower

크 기 높이 10~15cm, 포기 10~15cm로 자란다. 근경은 굵고 길이 3~4cm이다.

형 태 *잎* 뿌리에서 나오며 2회 3출 복엽이고 잎자루가 길다.

꽃 긴 줄기가 나오고 그 끝에 1개씩 위로 향해 흰색 또는 연한 자주색 꽃이 핀다. 꽃잎은 없고 꽃받침 조각이 10~12개이며 2cm 정도의 긴 타원형이다.

개화기 4월.

자생지 한국 산지의 숲속.

내한성대 4, 5, 6, 7, 8.

재 배 *적지* 햇빛이 잘 들고 반그늘진 곳으로 습기가 있고 비옥한 토양.

이식 식재거리 10~15cm.

병충해 별로 없다.

번식 포기 나누기.

조 경 경재화단의 앞쪽, 숲속 경관식재.

힉 명 *속명* 지중해 지역에서 자라는 아네모네의 그리스 이름으로 wind flower(바람의 꽃)에서 유래.

종명 시베리아의 식물을 연구한 Radde의.

그밖의 종 *A. blanda* : 이른 봄에 꽃이 핀다.

A. sylvestris : 유럽, 시베리아에 자생하고 높이 45cm이며 순백색이다.

A. vitifolia : 히말라야, 중국에 자생하고, 높이 1m로 자란다.

촛대 승마

미나리아재비-과

Cimicifuga simplex
(cim-i-sif'uga sim'pl-eks)

Snakeroot,
Bugbane

크 기 높이 100~150cm, 포기 40~60cm로 자란다.

형 태 *잎* 어긋나며, 2~3회 갈라지고 여러개의 소엽으로 이루어졌다. 소엽은 길이 3~8cm, 너비 2~5cm로 난형이며 고르지 않은 톱니가 있다.

꽃 긴 줄기 끝에 길이 20~30cm의 원주(圓柱)형의 총상화서를 이루며 흰꽃이 핀다.

개화기 7~8월.

자 생 지 한국의 깊은 산지 응달.

내한성대 3, 4, 5, 6, 7, 8.

재 배 *적 지* 그늘진 곳으로 습기가 있고 배수가 좋은 비옥한 토양.

이 식 식재거리 30~40cm.

병충해 별로 없다.

번 식 포기 나누기, 실생번식.

조 경 숲속 경관식재, 경재화단의 뒤쪽, 연못가의 그늘, 강조식재.

학 명 *속 명* 라틴어 cimix(빈대)와 fugere(도망하다)의 합성어이며 냄새가 강하기 때문에 빈대가 도망간다는데서 유래.

종 명 단생의.

그밖의 종 *C. heracleifolia* (승마) : 8~9월에 줄기 끝에 흰꽃이 복총상화서에 달리고 화서는 많이 갈라진다.

C. dahurica (눈빛승마) : 8월에 줄기 끝에 흰꽃이 복총상화서에 달리고 향기가 있다.

델피니움 (꽃 제비꼬깔)

미나리아재비-과

***Delphinium × elatum* hybrids**
(del-fin'i-um e-la'tum hib'ri-dz)

Hybrid Delphinium,
Perennial Larkspur,
Cnadle Larkspur

크　기　높이 120~180cm로 곧게 자라고, 포기 60~90cm에 이르며 많은 줄기를 낸다.
형　태　*잎*　어긋나며, 손바닥 모양으로 3~7개가 깊게 갈라지며 열편은 우상이고 끝이 뾰족하다.
　　　　꽃　긴 줄기에 하늘색, 라벤더빛, 흰색, 보라색 등의 꽃이 꽉 차게 달리는데 늦은 봄부터 초여름에 피었다가 가을에 다시 핀다.
　　　　개화기　5~6월, 그리고 9~10월..
자 생 지　원종은 피레네산맥에서 서아시아의 건조지대에 자생하며, 교잡종이다.
내한성대　3, 4, 5, 6, 7.
재　배　*적 지*　햇빛이 잘 들고 항상 습기가 있는 곳으로 배수가 좋아야 하며 비옥하고 유기질이 있는 토양. 중성에서 약산성 토양이 좋다.
　　　　이 식　식재거리 50~60cm, 봄에 포기 나누어 식재, 묽은 줄기는 제거하고 유기물을 해마다 준다.
　　　　병충해　별로 없다.
　　　　번 식　포기 나누기(봄), 실생번식(봄,가을), 꺾꽂이.
조　경　경계화단에서는 뒤쪽에 식재하고, 담장이나 펜스 앞에 식재.
학　명　*속 명*　그리스어 delphinos(돌고래)에서 온 것으로 꽃봉오리가 돌고래 모양이다.
　　　　종 명　높이가 큰.
　　　　개배변종　'Ivory Tower' : 흰꽃이 핀다.
　　　　'Moody Blue' : 연한 하늘색 꽃이 핀다.
　　　　'Ultra Violet' : 진한 하늘색 꽃이 핀다.
　　　　'Astolat' : 라벤더빛 꽃이 핀다.
　　　　'Black Knight' : 보라빛 꽃이 핀다.

작 약 [적작약]

미나리아재비-과

Paeonia lactiflora
(pe-o'nia lak-ti-flo'ra)

Common Garden Peony,
Chinese Peony

크 기 높이 60~70cm, 포기 60~90cm로 자란다.

형 태 *잎* 어긋나며, 2회 우상복엽으로 열편은 타원형 또는 피침형이다.

꽃 긴 꽃대 끝에 크기 10~15cm의 커다란 꽃이 한여름에 핀다(중부지방은 6월초). 원종(原種)은 흰빛이나 분홍, 빨강, 노랑 등이 있고 홑꽃과 겹꽃, 반겹꽃 등이 있다.

개화기 5~6월.

자생지 전국 각처의 산지, 시베리아, 몽고, 원예종이 많이 재배된다.

내한성대 2, 3, 4, 5, 6, 7, 8, 극도의 혹한에도 견딘다.

재 배 *적 지* 햇빛이 잘 들고 반그늘진 곳으로 습기가 있고 유기질이 풍부하며 비옥한 토양

이 식 식재거리 60~90cm, 깊이 20~25cm로 가을에 심는다.

병충해 잿빛 곰팡이병.

번 식 포기 나누기(가을).

조 경 경재화단, 주택정원.

학 명 *속 명* 그리스 신화 중에 의술의 신 피언(Paeon)에서 유래, 뿌리를 약용으로 한다.

종 명 우유빛 꽃의.

그밖의종 *P. obovata* (산작약) : 높이 30~50cm로 잎 전체에 흰가루가 덮여 있다. 꽃은 5~6월에 피는데 줄기 끝에 적갈색으로 1개씩 달린다. 한국의 전국 산지에서 자란다.

P. japonica (백작약) : 높이 40~50cm이고, 꽃은 5~6월에 줄기꽃에 1개씩 흰꽃이 달린다. 전국에 난다.

할미꽃

미나리아재비-과

Pulsatilla koreana

(pul-sa-til-la kor-e-a'na)

Korea Pasque Flower

크 기	높이 25~30cm, 포기 20cm로 자란다.	
형 태	*잎*	뿌리에서 나온 잎은 긴 잎자루가 있고 2회 우상복엽이며 소엽은 2~3개로 갈라진다.
	꽃	크기 2.5~3cm의 종 모양의 꽃 1개가 줄기 끝에서 밑으로 향해서 핀다. 꽃받침 조각은 6개이고 바깥쪽에는 긴 흰털이 밀생하나 안쪽은 짙은 적자색이다.
	개화기	4월.
자 생 지	한국의 볕이 잘 드는 들이나 산기슭.	
내한성대	3, 4, 5, 6, 7, 8.	
재 배	*적지*	햇빛이 잘 들고 반그늘진 곳으로 배수가 좋고 비옥한 토양이 좋으며, 습한 토양에는 견디지 못한다.
	이식	식재거리 20cm.
	병충해	별로 없다.
	번식	실생번식(봄,가을), 포기 나누기(가을).
조 경	암석정원, 자연풍경 꽃밭.	
학 명	*속명*	라틴어 pulso(치다, 소리내다)에서 유래된 것으로 종 모양의 꽃형태에서 유래.
	종명	한국의.
그밖의 종	*P. vulgaris* (pasque flower) : 높이 15~30mm의 연보라 꽃이 핀다.	
	P. cernua for. *flaua* (노랑할미꽃) : 꽃잎이 노랑이다.	
	P. tongkangensis (동강할미꽃) : 강원도 정선 동강 유역의 바위틈에 나며 꽃빛깔이 연분홍, 청보라, 붉은자주 등으로 4~6월에 핀다.	

금낭화

현호색-과

Dicentra spectablis
(di-sen'tra spek-tab'i-lis)

Common Bleeding Heart

크 기 높이 30~75cm, 포기 60~90cm로 자라며 줄기는 원통형으로 붉은 색을 띤다.

형 태 *잎* 어긋나며, 잎자루가 길고 깃 모양으로 갈라지며 열편은 도란형(倒卵形)으로 수개의 큰 톱니가 있다.

꽃 긴 꽃대가 나와 20~30cm의 총상화서는 활처럼 휘어지며 붉은 꽃이 아래로 늘어져 달린다. 봄부터 초여름까지 4~6주간 오랫동안 꽃이 핀다.

개화기 5~6월.

자생지 한국 전국의 야산.

내한성대 3, 4, 5, 6, 7, 8, 9, 극도의 추위와 더위에 견딘다.

재 배 *적지* 반그늘진 곳(추운 곳에서는 햇빛이 잘 드는 곳), 비옥하고 습기가 있는 토양.

이식 식재거리 40~50cm, 포기 나누어 심는다.

병충해 별로 없다.

번식 포기 나누기(가을).

조 경 주택정원, 경재화단, 야생풍경 꽃밭.

학 명 *속명* 그리스어 di(2)와 centron (spur)의 합성어로 꽃잎에 두 개의 2~3cm의 긴 거(距)가 나온데서 유래.

종명 장관의, 볼 만한.

재배변종 'Alba' : 흰꽃이 핀다.

세 덤 〔大景天〈中〉〕

돌나물-과

Sedum spectabile
(se'dum spek-ta-bi-le)

Showy Sedum,
Showy Stonecrop,
Ice Plant

크 기 높이 30~60cm, 포기 60cm로 자란다.
형 태 *잎* 마주나거나 또는 3개가 돌려난다. 도란형으로 잎자루는 없고 길이 9cm, 너비 6cm이고 육질이며 톱니가 있다.
꽃 줄기 끝에 공 모양으로 핀 꽃송이의 크기는 20cm이다. 분홍, 빨간색으로 1cm 크기의 작은 꽃들이 500여 개가 모여서 핀다.
개화기 8~10월.
자 생 지 중국의 중부.
내한성대 3, 4, 5, 6, 7, 8, 9, 열에 견딘다.
재 배 *적지* 햇빛이 잘 들고 배수가 좋은 비옥한 토양, 극도의 가뭄에 잘 견딘다.
이식 식재거리 30~40cm.
병충해 별로 없다.
번식 실생번식(봄, 가을 파종), 포기 나누기(봄), 꺾꽂이.
조 경 경새화단, 암식정원, 지피식물, 용기식재.
학 명 *속명* 라틴어 sedere(앉는다)에서 온 것이나 이 식물이 바위 옆에 자라는데서 유래.
종명 장관의, 볼 만한.
그밖의 종 *S. spurium* : 적자색 꽃이 한여름에 핀다.
S. lydium : 흰꽃이 초여름에 핀다.

기린초

돌나물-과

Sedum kamtschaticum
(se'dum kamt-sha-ti-kum)

Kamtscha Sedum

크　기　높이 10~30cm, 포기 2~30cm로 자란다.
형　태　*잎*　어긋나며, 육질이고 도란형 또는 긴 타원형으로 길이 2~4cm, 너비 1~2cm이고 둔한 톱니가 있다.
꽃　줄기는 곧게 서며 1cm 크기의 작은 꽃들이 수백 개가 모여서 꽃송이를 이루며 노랗게 핀다.
개화기　7~8월.
자생지　아시아 북동의 캄차카와 한국의 건조한 산지, 풀밭, 바위 틈, 바닷가.
내한성대　4, 5, 6, 7, 8.
재　배　*적지*　햇빛이 잘 들고 배수가 좋은 비옥한 토양.
이식　식재거리 20cm.
병충해　별로 없다.
번식　실생번식(봄, 가을), 포기 나누기(봄), 꺾꽂이.
조　경　경재화단, 암석정원, 주택정원.
학　명　*속명*　라틴어 sedere(앉는다)에서 온 것으로 바위 옆에서 자라는 데서 유래.
종명　캄차카의.
그 밖의 종　*S. aizoon* (가는 기린초) : 1~2줄기만 나오고 잎이 좁고 톱니가 있다. 꽃은 6~7월에 노랑꽃이 달린다.
S. middendorffianum (애기 기린초) : 산지 바위 위에서 줄기는 모여나고 높이 20cm이며 6~8월에 노랑꽃이 핀다.
S. spectabile (큰꿩의 비름) : 높이 30~70cm이며 잎은 다육질이며 도란형이고 꽃은 8~9월에 홍자색으로 피며 산방상으로 크게 발달한다.

아스틸베 〔아렌드 노루오줌〕

범의귀-과

Astilbe arendsii
(a-stil'be ah-rendz-ei)

False Goat's Beard

크　기　높이 60～120cm, 포기 60～90cm로 자란다.
형　태　*잎*　뿌리에서 나오며 잎자루는 길고 3회 3출 우상복엽이다. 소엽은 길이 2～8cm, 너비 1～4cm로 난형 또는 타원형으로 끝이 좀 뾰족하고 2중 톱니가 있다. 줄기의 잎은 2～3개가 어긋나며, 크기가 좀 작다.
　　꽃　줄기 끝에 원추화서가 나와 분홍, 빨강, 흰꽃이 봄부터 초여름에 핀다.
　　개화기　5～6월.
자생지　한국, 중국 원산의 노루 오줌에서 교배.
내한성대　3, 4, 5, 6, 7, 8, 9.
재　배　*적지*　햇빛이 잘 들고 반그늘진 곳으로 습기가 있고 약산성의 비옥한 토양.
　　이식　식재거리 4～50cm, 3～4년마다 포기 나누어 식재한다.
　　병충해　별로 없다.
　　번식　실생번식(초가을), 포기 나누기(봄, 가을).
주　경　경재화단, 못, 개울 가장자리에 식재, 절화.
학　명　*속명*　그리스어 a(없는)와 stillbe(빛나는)의 합성어, 잎에 윤기가 없다.
　　종명　이 식물을 육종해 낸 Geory Arends of Ronsdort(1862～1952)를 기념한 것이다.
　　재배변종　'Amethyst' : 높이 45～60cm, 보라빛 꽃이 핀다.
　　'Bridal Veil' : 흰꽃이 핀다.
　　'Fanal' : 높이 30～45cm, 빨강꽃이 핀다.
그밖의 종　*A. chinensis* var. *davidii* (노루 오줌) : 높이 40～70cm, 분홍꽃이 핀다.
　　A. koreana (숙은 노루 오줌) : 높이 60cm, 흰색 또는 연분홍꽃이 핀다.

버제니아

범의귀-과

Bergenia cordifolia
(ber-gen'i-a kor'di-fo-li-a)

Heartleaf Bergena,
Megasea

크 기 높이 30~35cm, 포기 30cm로 자란다.
형 태 *잎* 어긋나며, 심장형 또는 타원형으로 매우 두껍다.
꽃 굵고 긴 꽃대가 올라와서 이른 봄 원추화서에 진분홍 꽃이 달린다.
개화기 4~5월.
자생지 동 아시아, 시베리아.
내한성대 3, 4, 5, 6, 7, 8, 9.
재 배 *적지* 햇빛이 잘 들고 반그늘진 곳으로 습기가 있고 비옥한 토양.
이식 식재거리 30cm.
병충해 별로 없다.
번식 포기 나누기(봄), 실생번식(발아온도 21℃).
조 경 지피식물, 교목과 관목 밑에 식재, 정원 길가를 따라 식재, 돌담 밑에 강조식재, 못이나 개울가에 식재, 암석정원.
학 명 *속명* 독일의 식물학자 카를 어거스트 본 베르겐(Karl August von Bergen ; 1704~1768)을 기념한 것이다.
종명 심장형 잎의.
재배변종 'Purpurea' : 봄에 진보라빛 꽃이 핀다.
'Baby Doll' : 연한 분홍꽃이 핀다.
'Bressingham White' : 흰꽃이 핀다.
'Morgenrote' : 빨강꽃이 핀다.

바위취

범의귀-과

Saxifraga stolonifera
(saks-if'ra-ga stolon-ife'ra)

Strawberry Geranium

크 기 높이 20~30cm, 포기 30cm 정도로 자란다.

형 태 *잎* 뿌리에서 나온 잎은 로제트형으로 나며 잎자루가 길고 잎몸은 콩팥 모양의 원형으로 길이와 너비가 3~8cm 정도이다.

꽃 긴 꽃대가 잎 위로 30cm 정도로 올라와서 줄기 윗부분에 원추화서로 흰꽃이 달린다. 꽃잎은 5장인데 3장은 작고 붉은 무늬가 있으며 2장은 크고 흰색이다.

개화기 5~6월.

자생지 한국의 습한 응달.

내한성대 3, 4, 5, 6, 7, 8.

재 배 *적지* 반그늘진 곳으로 습기가 있고 배수가 좋으며 비옥한 토양.

이식 식재거리 20cm, 포기 나누어 식재한다.

병충해 별로 없다.

번식 포기 나누기, 실생번식(가을 파종).

조 경 암식정원, 지피식물(관목이나 교목 밑에), 주택정원(그늘진 곳), 용기식재

학 명 *속명* 라틴어 saxum(돌)와 frangere(깨트리다)의 합성어이며 요결석을 깨트리는 작용이 있다고 본데서 유래.

종명 포복경(匍匐莖)으로 뿌리를 내는.

재배변종 'Tricolor' : 분홍과 크림색 꽃이 핀다.

루피너스

콩-과

Lupinus polyphylla
(lu-pi'nus pol-i-fil-la)

Washington Lupine

크 기 높이 90~150cm, 포기 60~90cm로 자란다.
형 태 *잎* 어긋나며, 큰 손바닥 모양으로 깊게 갈라진다.
꽃 줄기 끝에 30~60cm의 긴 총상화서에 피는 2cm 크기의 나비형 꽃이다. 봄부터 여름에 분홍, 보라, 하늘빛, 노랑 등의 꽃이 핀다.
개화기 5~8월.
자 생 지 아메리카의 서북부, 워싱턴 주.
내한성대 3, 4, 5, 6, 7.
재 배 *적 지* 햇빛이 잘 들고 반그늘진 곳으로 습기가 있고 배수가 좋은 산성토양. 부식질이 많으면 좋다. 건조와 더위에 약하다.
이 식 식재거리 40~50cm, 가을에 포기 나누어 식재한다.
병충해 별로 없다.
번 식 실생번식(가을에 파종, 하룻밤 침수시킨다), 포기 나누기(가을).
조 경 경재화단의 뒤쪽에 식재, 야생풍경 꽃밭, 용기식재, 절화.
학 명 *속 명* 라틴어의 이 식물 이름.
종 명 많은 잎의.
재배변종 'Blushing Birde' : 1m로 자라고 분홍에 흰꽃이 핀다.
'Esmerelder' : 1m로 자라고 보라빛 꽃이 핀다.
'Olive Tolley' : 분홍색 꽃이 핀다.
'My Castle' : 벽돌색 꽃이 핀다.
'Noble Maiden' : 흰꽃이 핀다.
그밖의 종 *L. hirsutus* (한해살이 루피너스) : 가을에 파종하여 5~6월에 꽃이 핀다.

아메리카 부용

아욱-과

Hibiscus moscheutos
(hi-bis'kus mos-kew-tos)

Common Rose Mallow,
Swamp Mallow

크 기 높이 1.2~2.4m, 포기 90~150cm로 자란다.

형 태 *잎* 마주나며, 난형으로 끝이 뾰족하고 톱니가 있으며 뒷면에는 털이 있다.

꽃 직경 15~30cm의 꽃이 여름 내내 핀다. 꽃잎은 5장이고 분홍색이며 심홍색으로 피는 것도 있는데 기부는 심홍색이다.

개화기 7~8월.

자생지 북 아메리카의 남동부 알라바마.

내한성대 5, 6, 7, 8, 9.

재 배 *적지* 햇빛이 잘 들고 반그늘진 곳으로 습기가 있고 부식질이 있는 토양, 가뭄과 습기에 견디는 성질이 강하다.

이식 식재거리 90~120cm, 어린 식물을 식재하며 이식은 싫어한다.

병충해 풍뎅이.

번식 실생번식, 가을에 파종한다.

조 경 성재화난, 개울가의 뚝, 표본식물, 가리개식재, 용기식재.

학 명 *속명* 라틴어 옛 이름으로 이집트의 신 히비스(hibis)와 그리스어 isko(닮은)의 합성어이다.

종명 사향 냄새가 나는.

재배변종 'Southern Belle' : 1~2월에 파종하면 당년에 꽃이 핀다.
'Super Giants' : 큰 꽃이 핀다.

그밖의 종 *H. mutabilis* (부용) : 낙엽 반관목으로 높이 1~3m 정도 자라며 연분홍색 꽃이 지름 10~13cm 크기로 달린다.

물레나물

물레나물-과

Hypericum ascyron
(hi-per'i-kum a-si-ron)

Hypericum

크 기 줄기는 네모지고 곧게 서며 높이 50~150cm, 포기 20~30cm로 자란다.

형 태 *잎* 마주나며, 피침형으로 길이 5~10cm, 너비 1~3cm이고 아래쪽 잎은 줄기를 감싼다.

꽃 줄기나 가지 끝에 1개씩 달리며 5cm 크기의 노란색이며 7월에 핀다. 꽃잎은 5장이며 길이 3cm, 너비 1.5cm이고 구부러진다.

개화기 7월.

자 생 지 한국의 산기슭이나 볕이 잘 드는 풀밭.

내한성대 4, 5, 6, 7, 8.

재 배 *적 지* 햇빛이 잘 들고 배수가 좋은 토양.

이 식 식재거리 30cm, 포기 나누어 심는다.

병충해 별로 없다.

번 식 포기 나누기, 실생번식.

조 경 야생풍경 꽃밭, 경재화단.

학 명 *속 명* 그리스 고대의 이름 hypericon에서 유래, hypo(밑에)와 erice(풀숲)의 합성어이다.

종 명 그리스의 식물 이름.

그밖의 종 *H. calycinum* : 터키, 불가리아 원산, 60cm로 자란다.

H. kalmianum : 북동부 북아메리카 원산, 100cm로 자란다.

Hypericum × moseranum : 교잡종으로 60cm로 자란다.

앵 초

앵초-과

Primula sieboldii

(prim'u-la se-bol'de-i)

Siebold's Primrose

크 기	높이 20~30cm, 포기 30cm로 자란다.	
형 태	*잎*	뿌리에서 나오며 잎자루가 길고 난형 또는 타원형이다. 잎은 주름지며 톱니가 있고 길이 10cm, 너비 6cm이다.
	꽃	긴 꽃대가 나오며 산형화서로 크기 2~3cm의 자홍색 꽃이 7~10개가 달리며 꽃잎은 9장이다.
	개화기	4~5월.
자생지	한국의 산속의 습지나 냇가.	
내한성대	3, 4, 5, 6, 7, 8.	
재 배	*적 지*	반그늘진 곳으로 습기가 항상 있고 비옥한 토양.
	이 식	식재거리 20cm.
	병충해	별로 없다.
	번 식	실생번식(봄에 파종), 자연발아가 잘된다. 포기 나누기(가을).
조 경	화단, 경재화단, 화분이나 용기식재, 자연풍경 꽃밭, 숲속의 경관식재.	
학 명	*속 명*	라틴어 primus(처음의)에서 온 것으로 봄에 먼저 핀데서 유래.
	종 명	독일의 의사 필리프 프란쯔 폰 지볼트(philipp Franz von Siebold ; 1796~1866)를 기념한 것으로 중국, 한국, 일본의 식물을 명명하고 도입하였다.
그밖의 종	*P. jesoana* (큰앵초) : 잎은 둥글며, 끝은 7~9개로 갈라지며 톱니가 있고, 15~25cm의 잎자루가 있다. 6~7월에 산형 또는 2단으로 홍자색꽃이 피며, 크기 1.5~2.5cm이다.	

프리물라 [꽃 앵초]

앵초-과

Primula × polyantha
(prim'u-la pol-i-an'tha)

Polyanthus Primrose

크 기 높이 20~30cm, 포기 30cm로 자란다.

형 태 *잎* 뿌리에서 나오고, 잎자루는 길고 잎몸은 주름지며 난형 또는 타원형으로 톱니가 있고 길이 4~10cm, 너비 3~6cm이다.

꽃 산형화서에 7~8개의 꽃이 달린다. 크기는 2~3cm이고 꽃잎은 5장이며 봄부터 초여름에 흰색, 크림색, 분홍, 빨강, 보라색 등의 꽃이 핀다.

개화기 4~5월.

자 생 지 원종은 유럽이나 대부분 교잡종이다.

내한성대 3, 4, 5, 6, 7, 8.

재 배 *적지* 반그늘지고 산성토양으로 습기가 항상 있는 비옥한 토양.

이식 식재거리 20cm, 꽃이 진 후에 포기 나누어 식재한다.

병충해 별로 없다.

번식 실생번식(봄에 파종), 자연발아가 잘 된다. 포기 나누기(가을).

조 경 화단, 경재화단, 테두리 식재, 화분, 용기식재, 숲속의 경관식재.

학 명 *속명* 라틴어 primus(처음의)에서 온 것으로 봄에 먼저 핀데서 유래되었다.

종명 많은 꽃의.

재배변종 'Pacific Giants' : 꽃이 크고 빛깔이 다양하다.
'Barrowby Gem' : 노랑꽃이 핀다.
'Garryarde'
'Guinevere'

아주가

꿀풀-과

Ajuga reptans
(a-ju'ga rep-tanz)

Bugle,
BugleWeed,
Comman Blue

크 기 높이 10~25cm, 포기 20~25cm로 자라며 한 포기에서 30~60cm로 퍼져나가기도 한다.

형 태 *잎* 마주나고, 타원형이며 잎자루가 있다.
꽃 줄기 윗부분에 15~25cm 길이의 꽃대가 나와 늦은 봄과 초여름에 보라빛 꽃이 조밀하게 달린다.
개화기 5~6월.

자생지 유럽, 아시아.

내한성대 3, 4, 5, 6, 7, 8, 9.

재 배 *적지* 햇빛이 잘 들고 반그늘진 곳으로 배수가 좋고 습기 있는 비옥한 토양, 과도한 가뭄과 습도에 견디지 못하지만 추위와 더위에는 잘 견딘다.
이식 식재거리 20cm, 봄과 가을에 식재한다.
병충해 배수와 통풍만 좋으면 녹병을 예방할 수 있다.
번식 포기 나누기, 실생번식(봄에 파종).

조 경 테두리 식재, 교목과 관목 밑에 지피식재, 암석정원식재.

학 명 *속명* 그리스어 a(없는)와 jugos(짝)의 합성어로서 짝으로 되지 않은 것을 가리킨다.
종명 기어가는.
재배변종 'Attropurpurea' : 잎이 청동색이다.
'Burgundy Glow' : 잎이 녹색 잎이다.
'Catlin Giant' : 잎이 크고 청동색이다.
'Silver Beauty' : 잎이 회녹색이다.

그밖의 종 *A. decumbens* (금창초)
A. multiflora (조개나물)
A. spectabilis (자란초)

꽈 리

가지-과

Physalis alkekengi
(fi'sa-lis al-ke-ken-ji)

Chinese Lantern,
Bladder Cherry

크　기	높이 60~90cm로 줄기는 곧게 서며 포기 30~40cm로 자란다.	
형　태	*잎*	마디마다 2개씩 어긋나며, 넓은 난형으로 길이 5~12cm, 너비 4~9cm이고 고르지 않은 톱니가 있다.
	꽃	늦은 여름에 2개의 잎자루 사이에 1개씩 아래로 향해 달린다. 화관은 15mm 정도이고 열매는 크기 1.5cm의 장과(漿果)로 붉게 익으며 4~5cm의 꽃받침이 열매를 둘러싸며 주황색으로 물든다.
	개화기	꽃보다는 주황색의 풍선같은 꽃받침이 관상가치가 있다.
자 생 지	유럽의 남동부에서 아시아.	
내한성대	4, 5, 6, 7, 8.	
재　배	*적 지*	햇빛이 잘 들고 배수가 좋은 곳에서 잘 자라며 토질은 가리지 않는다.
	이 식	식재거리 30cm, 포기 나누어 심는다.
	병충해	별로 없다.
	번 식	포기 나누기, 실생번식.
조　경	주택정원, 경재화단.	
학　명	*속 명*	그리스어 physa(물방울, 기포)에서 유래, 꽃받침이 주머니 같다.
	종 명	아라비아의 이름으로 alkakendi에서 유래된 것이다.
	재배변종	'Gigantea' 'Orbiculare' 'Monstrosa' 'Nana'

스카비오사 (서양 솔체꽃)

산토끼꽃-과

Scabiosa caucasica
(ska-bi-o'sa ka-kas'i-ka)

Pincushion Flower

크 기 높이 45~60cm, 포기 30~45cm로 자란다.
형 태 *잎* 아래 잎은 피침 모양의 선형 또는 도피침형으로 뾰족하며 기부는 새 깃 모양으로 갈라지고 열편은 피침 모양의 선형이다.
꽃 한여름에 굵은 꽃대 끝에 크기 9cm의 두상화가 분홍색으로 핀다.
개화기 7~8월.
자생지 코카서스.
내한성대 3, 4, 5, 6, 7.
재 배 *적지* 햇빛이 잘 들고 반그늘진 곳으로 습기가 있고 배수가 좋은 토양, 고온에 민감하고 다습하면 살기 어렵다.
이식 식재거리 20~30cm.
병충해 별로 없다.
번식 포기 나누기(봄), 실생번식(봄파종).
조 경 화단, 경재화단에서 강조식물, 절화.
학 명 *속명* 라딘어 scabies(옴)에서 유래. 이 속 중 어느 식물이 피부병을 고치는 종류가 있다는데서 붙인 것이다.
종명 caucasus에 자생하는.
재배변종 'Alba' : 흰꽃이 핀다.
'Butterfly Blue' : 보라빛 꽃이 핀다.
'Clive Greaves' : 라벤더빛 꽃이 핀다.
'Miss Wilmot' : 크림빛 흰꽃이 핀다.
그밖의 종 *S. tschiliensis*(솔체꽃) : 두해살이 식물이며, 높이 50~90cm이다.

초롱꽃

초롱꽃-과

Campanula punctata
(kam-pan'u-la punk-ta'-ta)

Bell Flower

크 기 줄기는 곧게 서며 높이 30~80cm, 포기 20~30cm로 자란다.

형 태 *잎* 뿌리에서 나온 잎은 난상(卵狀) 심장형이고 줄기에서 어긋난다. 피침형으로 길이 4~10cm, 너비 2~4cm이며 끝이 뾰족하고 고르지 않은 톱니가 있다. 잎과 함께 온몸에 털이 있다.

꽃 줄기 끝에 종 모양의 꽃이 피며 흰색 또는 연분홍 바탕에 진한 반점이 있고 아래로 향한다. 꽃의 길이는 4~5cm이고 끝이 다섯 갈래로 갈라진다.

개화기 6~7월.

자생지 한국의 산기슭이나 풀밭.

내한성대 4, 5, 6, 7, 8.

재 배 *적지* 반그늘진 곳으로 배수가 좋은 비옥한 토양.

이식 식재거리 20~30cm, 포기 나누어 식재한다.

병충해 별로 없다.

번식 포기 나누기, 실생번식.

조 경 야생풍경 꽃밭, 숲속 경관식재, 경재화단.

학 명 *속명* 라틴어 campana(종)에서 유래된 것으로 꽃이 종모양이다.

종명 (화관에) 점이 있는.

그밖의 종 *Campanula takesimana* (섬초롱꽃) : 울릉도에 나며 꽃은 크고 흰색 또는 자주색이다.

Hanabusaya asiatica (금강초롱) : 중부 이북의 높은 산에 나며 높이 70cm이고 꽃은 종모양으로 엷은 보라색이다. 흰색, 분홍색, 진보라색도 있다.

도라지

초롱꽃-과

Platycodon grandiflorum

(plat-i-ko'don gran-di-flo'rum)

Balloon Flower

크　　기　높이 60~90cm로 곧게 서며, 포기 30~60cm로 자란다.

형　　태　*잎*　어긋나며, 잎자루가 없는 긴 난형으로 길이 7cm, 너비 2~4cm이다. 뒷면은 흰색이고 잔 톱니가 있다.

꽃　줄기 끝에 보라색 또는 흰색의 꽃 1~3개가 옆으로 향해서 핀다. 종 모양으로 크기 4~5cm이고 5개로 갈라진다.

개화기　7~8월.

자 생 지　한국의 볕이 잘 드는 산기슭의 풀밭.

내한성대　2, 3, 4, 5, 6, 7, 8.

재　　배　*적지*　햇빛이 잘 들고 반그늘진 곳으로 배수가 좋은 비옥한 토양.

이식　식재거리 20cm로 심거나 파종하고 솎아낸다.

병충해　별로 없다.

번식　실생번식(봄, 가을), 포기 나누기.

조　　경　경재화단, 자연풍경 꽃밭, 숲속 경관식재.

학　　명　*속명*　그리스어 platys(넓은)와 codon(종)의 합성어이며 꽃 모양의 종을 닮은데서 유래.

종명　큰 꽃의.

재배변종　'Apoyama' : 높이 15cm의 보라빛 꽃이 핀다.

'Bouble Blue' : 높이 60cm의 겹꽃이 핀다.

'Shell Pink' : 높이 60cm의 연분홍 꽃이 핀다.

국 화

국화-과

Chrysanthemum× morifolium
(kris-anth-e-mum mo-ri-fo-li-um)

Garden Mum,
Cushion Mum,
Hardy-Mum

크 기 높이 45~150cm, 포기 30~90cm로 자란다.

형 태 *잎* 마주나며, 뽕나무잎 모양으로 깊게 갈라진다.

꽃 가지를 잘 치며 그 끝에 두상화가 달리는데 종에 따라 연분홍, 빨강, 주황, 노랑 등 다양하다. 꽃 모양은 쿠션형, 폼폰형(pom pon, 방울술), 선인장형 등이 있다. 늦여름부터 가을까지 피며 적심(순치기)을 하면 많은 꽃이 달린다.

개화기 10~11월.

자생지 교잡종.

내한성대 3, 4, 5, 6, 7, 8, 9.

재 배 *적지* 햇빛이 잘 들고 반그늘진 곳으로 비옥하고 배수가 좋은 토양.

이식 식재거리 30~50cm, 매년 또는 2년마다 봄에 포기 나누기 한다.

병충해 진딧물.

번식 포기 나누기, 꺾꽂이.

조 경 한해살이 화초가 없어진 후 늦여름에 밝은 빛깔을 내며 과꽃과 함께 가을을 장식한다.

학 명 *속명* 그리스의 고대 이름에서 유래한 것으로 chrysos(황금빛의)와 anthemon(꽃)의 합성이다.

종명 뽕나무 잎의.

재배변종 많은 것들이 있다.

샤스타 데이지

국화-과

***Chrysanthemum* × *superbum* (syn. *C. maximum*)**
(kris-anth-e-mum soo-perb-um)

Shasta Daisy

크 기 높이 30~90cm, 포기 60cm로 자란다.
형 태 *잎* 마주나며, 새 깃 모양으로 갈라진다.
꽃 꽃대는 튼튼하며 그 끝에 7~8cm 크기의 두상화가 여름에 달린다. 설상화는 흰색이고 가운데 관상화는 노란색이다.
개화기 7~8월.
자생지 *C. laccustre* (프랑스 국화) × *C. maximum* (포르투갈 국화)의 교잡종에서 나온 것이다.
내한성대 3, 4, 5, 6, 7, 8, 9, 10, 극도의 추위와 더위에 잘 견딘다.
재 배 *적지* 햇빛이 잘 들고 배수가 좋은 비옥한 토양으로, 해변에서는 잘 견디나 물에 잠기는 곳은 피한다.
이식 식재거리 30cm, 3~4년마다 포기 나누기를 해야 강하게 자란다.
병충해 별로 없다.
번식 포기 나누기.
조 경 여름철에 피는 대표적인 꽃으로 붓꽃, 원추리, 양귀비 등과 잘 어울린다.
학 명 *속명* 그리스 고대 이름 chrysanthemon에서 유래된 것으로 chrysos(황금색의)와 anthemon(꽃)의 합성어이다.
종명 훌륭한, 화려한, 뛰어난, 멋진.
재배변종 'Alasks' : 높이 60~90cm 홑꽃으로 7.5cm의 흰꽃이 핀다.
'Little Miss Muffet' : 높이 20~30cm의 홑꽃으로 크림색 꽃이 핀다.
'Polaris' : 높이 90cm의 홑꽃으로 12cm의 큰 꽃이 핀다.
'T.E. Killen' : 높이 90cm의 홑꽃이 한여름에서 늦은 여름 사이에 핀다.

마거리트 데이지

국화-과

Chrysanthemum frutescens
(kris-anth-e-mum fru-tes'enz)

Marguerite Daisy,
Paris Daisy

크 기 높이 100cm, 포기 90cm로 자란다.

형 태 *잎* 마주나며, 깊게 갈라진다.

꽃 잎 겨드랑이에서 꽃대가 나오고 그 끝에 크기 5cm의 두상화가 단생한다. 개화기는 봄부터 늦가을까지 길다. 설상화는 흰색이고 관상화는 노랑이며, 가운데가 볼록한 형태를 이룬다.

개화기 6~10월.

자 생 지 카나리 제도.

내한성대 8, 9.

재 배 *적지* 햇빛이 잘 들고 배수가 좋은 사양토.

이식 식재거리 50~60cm.

병충해 별로 없다.

번식 포기 나누기, 꺾꽂이.

조 경 화단, 경재화단, 용기식재, 절화.

학 명 *속명* 그리스의 고대 이름에서 유래, chrysos(황금색의)와 anthemo(꽃)의 합성어이다.

종명 관목성의.

재배종명 'Coronation'
'Mary Wootton'

옥스아이 데이지

국화과

Chrysanthemum leucanthemum
(kris-anth-e-mum lu-kan'the-mum)

**Ox-Eye Daisy,
Comnon Daisy**

크 기 높이 60~90cm로 곧게 서며, 포기 30~40cm로 자란다.

형 태 *잎* 아래쪽 잎은 긴 잎자루가 있고 도란형이며 가운데 잎은 긴 타원형의 새 깃 모양이다.

꽃 두상화는 튼튼하고 긴 꽃대에 5월부터 가을까지 피며 크기는 5~6cm이고, 설상화는 흰색이며 가운데 관상화는 노란빛을 띤다.

개화기 5~9월.

자 생 지 유럽 전지역, 페르시아, 북아메리카, 뉴질랜드.

내한성대 4, 5, 6.

재 배 *적 지* 햇빛이 잘 들고 배수가 좋은 토양에서 잘 자란다. 강건하며 토질은 가리지 않는다.

이 식 식재거리 30~40cm.

병충해 별로 없다.

번 식 포기 나누기.

주 경 하단, 경재화단, 집단식재, 절화.

학 명 *속 명* 그리스의 고대 이름에서 유래. chrysos(황금빛의)와 anthemon(꽃)의 합성어이다.

종 명 흰빛의.

재배변종 ‘Maistern’

숙근 코레옵시스 (금계국)

국화-과

Coreopsis lanceolata

(ko-re-op'sis lan-se-o-la'ta)

Lance-Leaf-Coreopsis,
Pot of Gold,
Tickseed

크 기 높이 50~60cm, 포기 30~40cm로 자란다.

형 태 *잎* 뿌리에서 나오며, 긴 창 모양이다.

꽃 5월에 꽃대가 가늘고 길게 나오고 그 끝에 크기 5~6cm에 두상화가 핀다.

개화기 5~6월.

자 생 지 북 아메리카.

내한성대 4, 5, 6.

재 배 *적 지* 햇빛이 잘 들고 배수가 좋은 토양.

이 식 식재거리 30cm.

병충해 별로 없다.

번 식 포기 나누기.

조 경 경재화단, 야생풍경 꽃밭.

학 명 *속 명* 그리스어 coris(빈대)와 opsis(닮은)의 합성어로 열매가 빈대와 비슷하다.

종 명 피침형의.

재배변종 'Gold fink' : 왜생종으로 조밀하게 자란다.

'Baby Sun'

'Sunray'

그밖의 종 *C. verticillata* (실잎 코레옵시스) : 노란빛 꽃의 별 모양이다.

숙근 가일라디아 (천인국)

국화-과

Gaillardia × grandiflora
(gai-lar'di-a gran-di-flo'ra)

Blanket Flower

크 기 높이 60~90cm, 포기 60cm로 자란다.
형 태 *잎* 긴 피침형으로 회녹색이다.
꽃 굵은 줄기 끝에 두상화가 달리며 주황색 꽃잎(설상화) 끝에는 이중톱니가 나 있으며 노란 빛이고, 가운데 관상화도 노란빛 또는 주황색이다.
개화기 8~10월.
자생지 원종은 남·북아메리카 원산이나 재배되는 것은 거의 교잡종이다.
내한성대 4, 5, 6, 7, 8, 9.
재 배 *적지* 햇빛이 잘 들고 배수가 좋은 사양토.
이식 식재거리 40cm, 2~3년마다 포기 나누어 심는다.
병충해 별로 없다.
번식 포기 나누기, 실생번식(가을에 파종한다).
조 경 경재화단, 암석정원, 해변정원, 용기식재, 부케.
학 명 *속명* 18세기 프랑스의 식물 후원자 Gaillardde Charentonneau를 기념한.
종명 큰 꽃의.
재배변종 'Burgundy'
'Copper Beauty'
'Dazzler'
'Yellow Queen'

리아트리스

국화-과

Liatris spicata
(li-a'tris spi-ka'-ta)

Blazing Star,
Spike Gay-feather

크 기	높이 60~90cm, 포기 30~60cm로 자란다.	
형 태	*잎*	굵은 줄기에서 어긋나며, 선형의 잎이 나온다.
	꽃	줄기 끝에 두상화는 수상화서 또는 총상화서로 달리며 설상화는 없다. 적자색 빛깔로 위에서 아래로 피어난다.
	개화기	6~9월.
자 생 지	북 아메리카(마사추세츠~루이지애나).	
내한성대	3, 4, 5, 6, 7, 8, 9.	
재 배	*적지*	햇빛이 잘 들고 반그늘진 곳으로 습기가 있고 비옥한 토양. 가뭄에 견딘다.
	이식	식재거리 20~30cm, 봄·가을에 포기 나누기하여 식재한다.
	병충해	별로 없다.
	번식	포기 나누기(봄, 가을), 실생번식(추파).
조 경	야생풍경 꽃밭, 자수화단, 경재화단, 용기식재, 절화.	
학 명	*속명*	의미 불명.
	종명	이삭 모양으로 꽃이 피는.
	재배변종	'Kobold' : 높이 45~75cm로 적자색 꽃이 핀다.

루드베키아

국화-과

Rudbeckia fulgida
(rud-bek'i-a ful'ji-da)

Black-eyed Susans,
Orange Cone Flower

크 기 높이 45~90cm, 포기 60~120cm로 자란다.
형 태 잎 긴 피침형으로 3개의 잎맥이 있고 끝은 뾰족하다.
꽃 긴 꽃대에 두상화가 달리는데 설상화는 3cm 정도의 12~14장이며 노란빛 꽃이 여름 내내 핀다.
개화기 7~8월.
자생지 북 아메리카 동남부의 여러 주.
내한성대 4, 5, 6, 7, 8.
재 배 적지 햇빛이 잘 들고 반그늘진 곳으로 배수가 중요하다.
이식 식재거리 40~60cm, 2~4년마다 포기 나누어 심는다.
병충해 별로 없다.
번식 포기 나누기(봄, 가을), 실생(봄, 가을).
조 경 야생풍경 꽃밭, 경재화단.
학 명 속명 린네의 스승이며 후원자 루드벡(Rudbeck) 부자 Olof(1630~1702)와 Olaf(1660~1740)에서 유래.
종명 화려한, 빛나는.
변종 var. *deamii* : 넓은 잎으로 튼튼하다.
var. *sullivantii* : 넓은 잎으로 튼튼하다.
var. *speciosa* : 좁은 잎으로 꽃이 작다.
재배변종 'Goldstrum' : 조밀하게 자란다.
그밖의 종 *R. nitida* (Black-eyed Susan, Coneflower) : 설상화는 황금색이고 관상화도 노랑이다.
R. hirta (Black-eyed Susan, Gloriosa Daisy) : 설상화는 더 넓고 노랑이다.

키다리 루드베키아

국화-과

Rudbeckia laciniata
(rud-beck'i-a la-sin-i-a'ta)

Cut-Leaf Corn Flower

크 기 높이 60~240cm로 높게 자라며, 포기 40~60cm를 이룬다.
형 태 *잎* 어긋나며, 깊게 갈라진다.
꽃 줄기 끝에 노란빛 두상화가 겹꽃으로 핀다.
개화기 7~9월.
자생지 북 아메리카의 퀘벡에서 플로리다까지 넓은 범위이다.
내한성대 3, 4, 5, 6, 7, 8, 9, 10.
재 배 *적지* 햇빛이 잘 들고 배수가 좋은 비옥한 토양.
이식 식재거리 40~50cm, 봄·가을에 포기 나누어 심는다.
병충해 별로 없다.
번식 포기 나누기.
조 경 경재화단의 뒤쪽에 식재, 담장·울타리·벽 부근에 식재.
학 명 *속명* 린네의 스승이며 후원자 루드벡(Rudbek) 부자에서 유래, 스웨덴 압살라대학 식물학 교수로서 1730년 약관 23세의 린네를 식물학 교수로 임명한 것으로 유명하다.
종명 잘게 갈라진.
재배변종 'Golden Fountain' ('Goldquelle') : 높이 90cm이다.
'Autumn Sun' ('Herbstonne') : 높이 180cm이다.

라벤더

꿀풀-과

Lavandula angustifolia
(la-van'du-la an-gus-ti-fo'i-a)

Lavender

크 기 높이 60~90cm, 포기 60cm로 자란다.
형 태 *잎* 뿌리에서 무더기로 나온다. 온몸에서 향기가 나며 황색의 정유(精油)가 나오는데 이것은 향수로 이용된다.
꽃 긴 꽃대 위에 1cm 크기의 보라색 꽃이 긴 꽃송이를 이루며 조밀하게 달리고 초여름부터 늦은 여름에 핀다.
개화기 5~9월.
자생지 지중해 서부지역.
내한성대 5, 6, 7, 8.
재 배 *적지* 햇빛이 잘 들고 반그늘진 곳으로 배수가 잘 되고 비옥한 토양, 중성 또는 약알칼리성 토양이 좋다. 극도의 가뭄에 견딘다.
이식 식재거리 40~50cm, 죽은 가지를 제거하고 수년마다 묵은 줄기를 베어낸다.
병충해 별로 없다.
번식 휘묻이, 꺾꽂이.
주 경 허브가든, 매듭정원, 경재화단, 보도 옆의 산울타리, 전하, 말린꽃.
학 명 *속명* 라틴어의 lavo(씻다)에서 온 것으로 로마시대에 목욕할 때 이용하였다.
종명 좁은 잎의.
재배변종 'Dwarf Blue' : 높이 30cm의 신보라 꽃이 핀다.
'Hidcote' : 높이 45cm의 보라빛 꽃이 핀다.
'Jean Davis' : 연분홍 꽃이 핀다.
'Mun Stead' : 높이 45cm의 보라빛 꽃이 핀다.

꽃잔디

꽃고비-과

Phlox subulata
(floks sub-u-la'ta)

Moss Pink,
Moss Phlox

크 기 높이 10~15cm, 포기 30~40cm로 땅을 덮으며 자란다.
형 태 *잎* 분지가 잘 되며 길이 1cm의 잎이 많이 나온다.
꽃 작은 별 모양의 꽃이 촘촘하게 몰려서 꽃방석을 이룬다. 분홍, 보라, 흰꽃이 핀다.
개화기 4~5월.
자생지 북 아메리카.
내한성대 4, 5, 6, 7, 8, 9.
재 배 *적지* 햇빛이 잘 들고 배수가 아주 좋으며 부식질이 있는 토양
이식 식재거리 10cm.
병충해 흰가루병.
번식 실생번식(봄, 가을), 포기 나누기(꽃이 진 후), 꺾꽂이(꽃이 안 핀 줄기).
조 경 지피식물, 암석정원, 메담(dry walls), 화단, 경재화단의 테두리 식재.
학 명 *속명* 그리스어 phlegos(불꽃)에서 유래.
종명 침형(針形)의.
재배변종 'Alba' : 흰꽃이 핀다.
'Alexander's Surprise' : 분홍꽃이 핀다.
'Red Wings' : 빨강꽃이 핀다.
'White Delight' : 흰꽃이 핀다.

숙근 프록스

꽃고비-과

Phlox paniculata
(floks pan-ik-u-la'ta)

Garden Phlox,
Summer Phlox,
Perennial Phlox,
Border Phlox

크 . 기 높이 90～120cm, 포기 60～120cm로 자란다.
형 태 *잎* 어긋나며, 타원형 또는 넓은 피침형으로 끝이 뾰족하며 잎맥이 뚜렷하고 잎가에 털이 있지만 보통은 털이 없다.
꽃 줄기 끝의 원추화서에 종 모양의 보라, 빨강, 흰색, 분홍색 꽃이 한여름부터 늦여름까지 핀다.
개화기 7～9월.
자 생 지 아메리카 뉴저지～조지아, 아칸서스.
내한성대 3, 4, 5, 6, 7, 8, 재배변종에 따라 내한성이 각기 다르다.
재 배 *적 지* 햇빛이 잘 들고 반그늘진 곳으로 습기가 있고 배수가 좋으며 부식질이 많은 토양.
이 식 식재거리 30～40cm, 3～4년마다 포기 나누기한다.
병충해 흰가루병.
번 식 포기 나누기(봄에 한다), 꺾꽂이(초여름).
조 경 화단, 경재화단에서 아름답게 오랫동안 꽃이 핀다.
학 명 *속 명* 그리스어 phlogos(불꽃)에서 유래.
종 명 원추화서의.
재배변종 'Eyed' : 겹빛깔이며 인기 있다.
'Mt. Fujiyama' : 흰꽃이 핀다.
'Mars'
'Purple King'
'Mount Fuji'
'Leo Schlageter'
'September Schnee'

피소스테지아

광대나물-과

Physostegia virginia

(fi-so-ste'ji-a vir-jin-i-a'-na)

Obedient Plant, False Dragon Head

크 기 　높이 90~120cm, 포기 60~120cm로 자란다.

형 태 　*잎* 　긴 피침형으로 끝이 뾰족하고 녹색이다.

꽃 　긴 꽃대에 깔대기 모양의 꽃이 두 갈래로 갈라지며 늦여름에 분홍빛으로 핀다.

개화기 　5~6월.

자생지 　북 아메리카(버지니아).

내한성대 　3, 4, 5, 6, 7, 8, 9.

재 배 　*적지* 　햇빛이 잘 들고 반그늘진 곳으로 습기 있고 배수가 좋으며 유기물이 있는 토양.

이식 　2~4년마다 포기 나누어 심는다.

병충해 　별로 없다.

번식 　포기 나누기, 봄에 한다.

조 경 　화단, 경재화단, 야생풍경식재, 용기식재, 절화, 습기 있는 제방이나 도랑가에 식재.

학 명 　*속명* 　그리스어 physa(기포)와 stege(덮개)의 합성어, 열매를 싸고 있는 꽃받침에서 유래.

종명 　버지니아의.

재배변종 　'Pink Bouquet' : 높이 90~120cm에 밝은 분홍빛 꽃이 핀다.
'Summer Snow' : 높이 90cm이며 흰꽃이 핀다.
'Variogata' : 연한 분홍빛이고 잎에 흰무늬가 있다.
'Vivia' : 장미빛, 분홍빛 꽃이 핀다.

천남성

천남성-과

Arisaema amurense* var. *serratum
(a-ris-ie-ma a-mur-en'sis vər. ser-ra'tum)

Amur Turnip

크 기 　높이 30~50cm로 곧게 서며, 포기 30~45cm로 자라고 줄기에 녹색과 자주색 무늬가 있다.

형 태 　*잎* 　어긋나며, 긴 잎자루가 있는 우상복엽으로 5~11개의 소엽이 있다. 소엽은 길이 10~20cm, 너비 5~8cm이고 난생 피침형이며 얕은 톱니가 있다.

꽃 　줄기 끝에 육수화서로 피며 불염포(佛焰苞)는 길이 5~8cm의 녹색이며 끝이 구부러진다. 자웅이주이고 7~8월에 피는데 수꽃은 자주색의 꽃밥만 달리고 암꽃은 녹색으로 씨방에 밀착한다.

개화기 　7~8월.

자생지 　한국 산지의 응달.

내한성대 　2, 3, 4, 5, 6, 7, 8, 9.

재 배 　*적지* 　반그늘지거나 응달진 곳으로 비옥한 토양이 좋으며 습기에 잘 견딘다.

이식 　식새서리 30cm, 포기 나누어 심는나.

병충해 　별로 없다.

번식 　실생번식(봄, 가을), 자연 분주가 잘 된다.

주 경 　야생풍경 꽃밭, 숲속 경관식재, 강조식물(높이가 낮은 화단에서).

학 명 　*속명* 　그리스어 aron(arum이란 식물의)와 haema(피)의 합성어이며 잎에 반점이 있다.

종명 　흑룡강의.

변종명 　톱니가 있는.

창 포

(천남성과)

Acorus calamus* var. *angustatus
(ak'o-rus kal'a-mus vər. an-gus-ta'tus)

Sweet Flag,
Sweet Rush

크 기	높이 60~90cm로 뿌리줄기는 통통하며 옆으로 뻗어 나간다.	
형 태	*잎*	뿌리에서 모여나며, 곧게 서고 좁은 선형으로 길이 60~90cm이고 매끄럽다. 온몸에서 향기가 난다.
	꽃	꽃 줄기가 포기 가운데에서 길이 30~40cm로 나와 육수화서가 6~7월에 피는데 양성화이며 꽃밥은 노랗고 열매는 7cm 정도의 원주(圓柱)형이다.
	개화기	6~7월. 꽃은 관상가치가 없다.
자생지	한국의 호수나 연못가의 습지.	
내한성대	3, 4, 5, 6, 7, 8, 9.	
재 배	*적지*	못가, 호숫가 등 습한 곳에서 자란다.
	이식	식재거리 20~30cm, 봄에 식재한다.
	병충해	별로 없다.
	번식	포기 나누기.
조 경	못, 호숫가, 도랑가 등 습한 지역에 식재.	
학 명	*속명*	그리스어의 a(없는)와 coros(장식)의 합성어이며 아름답지 못한 꽃을 가리킨다.
	종명	관(管)의.
	변종명	좁아진.

자주 달개비

닭의장풀-과

***Tradescantia* × *andersoniana* (syn. *T. verginia*)**
(trad-es-kan'shi-a an-der-son-i-ah-na)

Common Spiderwort,
Widow's Tears

크 기 높이 30~60cm, 포기 60cm로 자란다.

형 태 *잎* 선형으로 길이 30~40cm, 너비 2.5~3cm이다.

꽃 가지를 많이 치며 그 끝에 크기 2.5~5cm의 보라빛 꽃이 핀다. 꽃잎은 3장으로 갈라졌고 보라, 하늘, 자주, 흰색 등이 있다.

개화기 5~6월.

자생지 원종은 미국의 버지니아. 교잡종이다.

내한성대 3, 4, 5, 6, 7, 8, 9.

재 배 *적지* 햇빛이 잘 들고 배수가 좋으며 습기가 있는 비옥한 토양.

이식 식재거리 30~40cm.

병충해 별로 없다.

번식 포기 나누기(가을), 실생번식(자연발아가 잘 된다).

조 경 화단, 경재화단, 야생풍경식재, 용기식재.

학 명 *속명* 찰스1세 당시의 원예가 존 트래데스캔트(John Tradescant, 1608~1662)를 기념한 것으로 아메리카 식물 채집을 하였다.

종명 앤더슨(Anderson)씨의.

재배변종 'Blue Stone' : 보라빛 꽃이 핀다.

'James C. Weguelin' : 하늘색 꽃이 핀다.

'Red Cloud' : 붉은 꽃이 핀다.

'Zwanenberg' : 자주빛 꽃이 핀다.

'Carmine Glow' : 분홍빛 꽃이 핀다.

은방울꽃

백합-과

Convallaria keiskei

(kon-va-la'-ri-a kéis-kei)

Lily of the Valley

크 기 높이 20cm 정도이고, 포기 15~20cm로 자란다.

형 태 *잎* 긴 타원형으로 길이 12~18cm, 너비 3~17cm로 두 개가 나오며, 끝이 뾰족하고 기부는 서로 감싸안는다. 잎은 녹색이나 뒤쪽은 회백색이다.

꽃 꽃대 길이가 20~30cm이고 긴 꽃자루에 6~8mm 크기의 종 모양의 흰꽃이 10개 내외가 아래로 향한다.

개화기 5월.

자생지 한국.

내한성대 4, 5, 6, 7, 8.

재 배 *적지* 그늘진 숲속에서 배수가 좋은 유기물이 있는 토양.

이식 식재거리 10~15cm, 포기 나누어 식재한다.

병충해 별로 없다.

번식 포기 나누기.

조 경 그늘진 곳의 화단이나 지피식물, 암석정원, 절화, 숲속 조경.

학 명 *속명* 라틴어 convallis(골짜기)와 leirion(백합)의 합성어이며 산골짜기의 백합이란 뜻이다.

종명 일본 메이지(明治) 시대 초기의 식물학자 이토케이스케(伊藤圭介)의.

재배변종 'Everlasting'

'Fortune's Giant'

'Variegata'

원추리

백합-과

Hemerocallis × hybrids
(hem-er-o-kal'is hib'ri-dz)

Day Lily

크 기 높이 30~150cm, 포기 60cm로 자라며 변종에 따라 왜생종, 중생종, 고생종 등 각기 다르다.

형 태 *잎* 마주나며, 길이 60~80cm, 너비 16~20mm로 선형이다.
꽃 줄기는 곧게 서며 줄기 끝에 2~10개의 노란색의 꽃이 길이 5~20cm의 산형화서로 달리며 기부는 통상(筒狀)을 이룬다.
개화기 7~8월.

자생지 교잡종.

내한성대 3, 4, 5, 6, 7, 8, 9.

재 배 *적지* 햇빛이 잘 들고 반그늘진 곳으로 항상 습기가 있고 비옥한 토양, 교배종은 하루 8시간 이상 직사광선을 받아야 한다.
이식 식재거리 30~60cm, 3년마다 포기 나누어 식재한다.
병충해 별로 없다. 간혹 진딧물이 꽃봉오리에 달라 붙는다.
번식 포기 나누기, 가을이나 봄에 한다.

조 경 집단식재, 야생풍경 꽃밭.

학 명 *속명* 그리스어 hemera(1일)와 callos(아름다운)의 합성어로 꽃이 하루만에 시든다고 하는 데서 유래.
종명 교잡의.

그밖의종 *H. fulva* (원추리) : 높이 130cm이며 10cm의 등황색 꽃이 5~6개 핀다.
H. fulva v. *kwanso* (왕원추리) : 높이 100cm이며 10cm 크기의 주황색 꽃이 핀다.
H. middendorfii (큰원추리) : 높이 60~80cm이며 3~8cm의 노란 꽃이 2~10개 핀다.
H. dumortieri (각시원추리) : 높이 50cm이며 5~6cm 크기의 노란 꽃이 2~3개 핀다.

옥잠화

백합-과

Hosta plantaginea
(hos'ta plan-ta'gi-nia)

Fragrant Plantain Lily

크 기	잎과 꽃의 높이 60cm로 자란다.	
형 태	*잎*	잎자루가 길고 잎몸은 넓고 길며 잎맥이 평행맥 같으며 뚜렷하다.
	꽃	꽃대가 굵고 길게 올라와서 15cm 정도의 흰꽃이 깔대기 모양으로 한여름 저녁에 피며 다음날 아침에 지고, 향기가 있다.
	개화기	7～8월.
자생지	중국.	
내한성대	3, 4, 5, 6, 7, 8.	
재 배	*적지*	햇빛이 잘 들고 반그늘진 곳으로 배수가 좋고 유기물이 있는 토양.
	이식	식재거리 30～40cm, 봄에 포기를 나누어 식재한다.
	병충해	별로 없다.
	번식	포기 나누기.
조 경	주택정원, 경재화단.	
학 명	*속명*	오스트리아의 의사 니콜라우스 토마스 호스트(Nicholaus Thomas Host, 1761～1834)에서 유래.
	종명	질경이 속(plantago)과 비슷한, 잎이 질경이를 닮은.
	변종	var. *japonica* (긴옥잠화) : 잎이 좁고 길다.
그밖의 종	*H. longissima* (산옥잠화) : 산속 냇가에 자라며, 연한 자주색 꽃이 7～8월에 핀다.	

비비추

백합-과

Hosta longipes
(hos'ta lon'ji-pez).

Hosta

크 기 높이 15~90cm, 포기 15~60cm로 자란다.

형 태 *잎* 뿌리에서 모여나고, 길이 12~13cm, 너비 8~9cm로 난형이다. 7~9개의 잎맥이 뚜렷하고 잎자루는 15cm 정도로 길며 기부에 흑자색의 반점이 있다.

꽃 꽃대는 길이 40cm 정도이며 화관은 깔대기 모양으로 6개로 깊게 갈라지며 뒤로 약간 젖히며 연보라색의 꽃이 핀다.

개화기 7~8월.

자 생 지 한국.

내한성대 3, 4, 5, 6, 7, 8.

재 배 *적지* 햇빛이 잘 들고 반그늘진 곳으로 약간 습기가 있고 배수가 좋은 토양.

이식 식재거리 30cm, 3~4년마다 포기 나누어 식재한다.

병충해 별로 없다.

번식 포기 나누기(늦은 여름).

조 경 주택정원, 경재화단, 물가에 식재, 지피식물, 교목이나 관목 밑에 식재.

학 명 *속명* 오스트리아의 의사 니콜라우스 토마스 호스트(Nicholaus Thomas Host, 1761~1834)에서 유래.

종명 긴 대의.

그밖의 종 *H. clausa* (참비비추) : 꽃이 활짝 열리지 않으며, 8~9월에 핀다.

H. clausa var. *nomalis* (주걱비비추) : 꽃에 잎맥이 뚜렷하다.

H. miner (좀비비추) : 좀 작고 연한 자주색꽃이 7~8월에 핀다.

니포피아 (횃불 나리)

백합-과

Kniphofia uvaria
(ni-fo'fi-a uva-ri-a)

Comman Torch Lily, Red-Hot Poker, Tritoma

크 기 높이 60~120cm, 포기 60~120cm로 자란다.
형 태 *잎* 선형으로 좁고 긴 잎이 땅에서 나온다.
꽃 굵고 긴 꽃대가 올라오는데 그 끝 위가 빨갛고 아래는 노란빛 꽃이 깔대기 모양으로 총상화서에 달린다.
개화기 7~8월.
자생지 남 아프리카.
내한성대 5, 6, 7, 8, 9.
재 배 *적지* 햇빛이 잘 들고 배수가 좋으며 부식질이 풍부한 토양.
이식 식재거리 60~70cm, 포기에서 가장자리에 있는 어린 포기를 떼어내서 가을에 심는다.
병충해 배수만 잘 되면 부패병을 피할 수 있다.
번식 포기 나누기, 실생번식, 4~6주간 냉장고에 노천매장한 후 겨울에 실내에서 파종.
조 경 경재화단이나 암석정원에서 강조식물, 용기식재, 절화.
학 명 *속명* Johann Hieronymus Kniphof(1704~1763)을 기념한 것이다.
종명 포도 송이를 닮은.
재배변종 'Red hot poker'

맥문동

백합-과

Liriope platyphylla
(li-ri'o-pe plat-i-fi-la)

Lily Turf,
Big Blue Lily Turf

크 기 높이 30~50cm, 포기 25~30cm로 자란다.
형 태 *잎* 선형으로 길이 30~50cm, 너비 8~12mm이고 여러 개가 뭉쳐서 난다.
꽃 꽃대가 30~50cm로 곧게 올라와 윗부분에 길이 7~8cm의 수상화서를 이루며 자주색 꽃이 핀다.
개화기 7~8월.
자 생 지 한국 산지의 숲속.
내한성대 3, 4, 5, 6, 7, 8.
재 배 *적지* 반그늘진 곳으로 배수가 좋은 비옥한 토양.
이식 식재거리 20cm, 봄이나 가을에 식재한다.
병충해 별로 없다.
번식 실생번식, 포기 나누기.
조 경 보도의 가장자리, 화단, 경재화단에 테두리 식재, 지피식물, 숲속 경관식재.
학 명 *속명* 그리스 신화에 나오는 여신의 이름에서 유래.
종명 넓은 잎의.
그 밖의 종 *L. muscary* : 높이 45cm의 연분홍 꽃이 핀다.
L. spicata (개맥문동) : 높이 30~40cm의 연한 자주색 꽃이 핀다.
Ophiopogon japonicus (소엽맥문동) : 연한 분홍색 꽃이 핀다.
O. jaburm (맥문아재비) : 흰색에 연한 자주빛이 도는 꽃이 핀다.

삿갓나물

백합-과

Paris verticillata
(pa-riz ver-ti-si-la'-ta)

Paris

크 기 줄기는 높이 30cm이고 땅속 줄기가 길게 뻗는다.

형 태 *잎* 줄기 끝에 6~8개가 돌려나며, 잎자루는 없고 긴 타원 모양의 도피침형으로 길이 3~10cm, 너비 2~4cm이며 3개의 맥이 뚜렷하다.

꽃 길게 뻗는 지하경(地下莖) 끝에서 높이 30~40cm의 줄기가 1개 나와 곧게 서는데, 가지는 없으며 그 끝에 1개의 꽃이 위를 향하여 핀다. 외화피(꽃받침) 조각은 4개이며 길이 3~4cm로 녹색이다. 내화피(꽃잎)는 4개이며 주황색으로 아름답다.

개화기 6~7월.

자생지 한국의 산지.

내한성대 4, 5, 6, 7, 8.

재 배 *적지* 그늘진 숲속으로 배수가 좋으며 유기물이 있는 토양.

이식 식재거리 20~30cm, 포기 나누어 식재한다.

병충해 별로 없다.

번식 포기 나누기.

조 경 그늘진 곳의 화단, 경재화단, 숲속 조경.

학 명 *속명* 라틴어 par(같은)에서 유래, 화피가 같은 모양이다.

종명 줄기에 돌려나는.

둥굴레

백합-과

Polygonatum odoratum* var. *pluriflorum
(po-lig-o-na'tum o-do-ra'tum vər. plu'ri-flo'-rum)

Polygonatum,
Solomon' s Seal,
David' s Harp

크 기 높이 30~70cm로 곧게 서는데 윗부분은 처지고, 포기 20~30cm로 자란다.

형 태
- *잎* 어긋나며, 잎자루는 없고 긴 타원형으로 길이 5~10cm, 너비 2~5cm이다.
- *꽃* 잎 겨드랑이에서 1~2개의 꽃이 피는데 연한 회백색이고 길이 2cm의 긴 종 모양이며 끝이 여섯 갈래로 얕게 갈라진다.
- *개화기* 5~6월.

자생지 한국 산지의 응달.

내한성대 3, 4, 5, 6, 7, 8.

재 배
- *적지* 반그늘진 곳으로 배수가 좋은 비옥한 토양.
- *이식* 식재거리 20cm, 포기 나누어 식재한다.
- *병충해* 별로 없다.
- *번식* 포기 나누기.

조 경 주택정원, 지피식물, 용기식재, 숲속 경관식재.

학 명
- *속명* 그리스어 polys(많은)와 gonu(무릎, 마디)의 합성어로 줄기에 굵은 마디가 있다.
- *종명* 향기가 있는.
- *변종명* 많은 꽃의.
- *재배변종* 'Flore Pleno'

그밖의 종
- *P. humile* (각시둥글레)
- *P. odoratum* for. *variegatum* (무늬둥글레)
- *P. robustum* (왕둥굴레)

아가판더스

수선화-과

Agapanthus umbellata
(ag-a-pan'thus um-bel-la'-ta)

Lily of the Nile,
African Lily

크 기	높이 90cm, 포기 60cm로 자란다.	
형 태	*잎*	좁고 긴 선형의 잎이 뿌리에서 나온다.
	꽃	굵고 긴 꽃대가 올라와서 끝에 깔대기 모양의 연보라 꽃이 산형화서로 15~20여 개가 핀다.
	개화기	6~7월.
자생지	아프리카 케냐.	
내한성대	8, 9.	
재 배	*적지*	햇빛이 잘 들고 습기가 있는 비옥한 토양으로 서리가 없어야 한다.
	이식	식재거리 50~60cm, 봄에 포기 나누어 식재한다.
	병충해	별로 없다.
	번식	포기 나누기.
조 경	용기식재, 경재화단, 기초식재.	
학 명	*속명*	그리스어 agape(사랑하는)와 anthos(꽃)의 합성어이다.
	종명	산형화서의.
	재배변종	'Peter Pan' : 30cm로 자란다. 'Ben Hope' : 120cm로 자란다. 'Blue Giant' : 120cm로 자란다. 'Loch Hope' : 150cm로 자란다.

꽃창포

붓꽃-과

Iris ensata* var. *spontanea
(i'ris en-sa'-ta vər. spɔn-tei-niə)

크 기 높이 60~120cm이며 여러개 모여나며 근경은 짧은 섬유에 싸인다.
형 태 *잎* 길이 20~60cm, 너비 5~12cm이며 중앙맥이 뚜렷하다.
꽃 진한 적자색으로 줄기 위쪽의 포 겨드랑이에서 1개씩 달린다. 외화피 조각은 3개이고 기부 중앙부에 노란 반점이 있다. 내화피 조각은 3개이고 외화피와 어긋나게 곧게 선다.
개화기 6~7월.
자 생 지 전국 산야의 습지, 물가.
내한성대 3, 4, 5, 6, 7, 8.
재 배 *적지* 물가, 습한 곳.
이식 쉽다.
병충해 별로 없다.
번식 포기 나누기.
조 경 물가, 연못가, 습지 등에 식재.
학 명 *속명* 그리스어의 무지개의 신에서 전용된 것이다.
종명 검 모양의.
변종명 야생의, 자생의.
그밖의종 *I. pseudoacorus* (노랑꽃 창포) : 유럽 원산으로 물가, 습지에서 자란다.

붓 꽃

붓꽃-과

Iris nertshcinskia (syn. _I. sanguinnea_)
(i'ris ner-ts-kin-sk'i-a) san-gwin'ea

Nertschinsk Iris

크 기 높이 30~60cm, 포기 30~40cm로 자란다.
형 태 *잎* 선형으로 길이 30~60cm, 너비 10~20cm이며 중앙맥이 없다.
꽃 꽃대는 높이 30~60cm로 곧게 자라며 보라색이며 포 겨드랑이에 2~3개 달린다. 3개의 외화피(꽃받침) 조각은 넓은 도란형으로 기부는 노란 바탕에 보라색 그물눈무늬가 있고, 3개의 내화피(꽃잎) 조각은 작은 주걱모양이며 곧게 선다. 열편은 연보라색이므로 꽃잎처럼 보인다.
개화기 5~6월.
자생지 한국, 시베리아, 만주, 일본.
내한성대 4, 5, 6, 7, 8.
재 배 *적지* 햇빛이 잘 들고 습기가 있으며 배수가 좋은 토양.
이식 식재거리 30cm로 봄, 가을에 포기 나누기한다.
병충해 별로 없다.
번식 포기 나누기.
조 경 경재화단, 야생풍경 꽃밭, 못 가장자리.
학 명 *속명* 그리스어의 무지개의 신에서 전용된 것이다.
종명 시베리아 네르츠킨스크(Nertschinsk)의, (적혈색의).
그밖의종 *I. siberica* (시베리아 붓꽃) : 붓꽃과 비슷하나 외화피 기부에 흰 그물눈 무늬가 있다.
I. lacvigata (제비붓꽃) : 붓꽃과 비슷하나 외화피 기부에 흰 줄무늬가 있다.
I. pallassii (타래붓꽃) : 잎이 좁고 뒤틀린다. 산지의 건조지에서 자란다.
I. rossii (각시붓꽃) : 4~5월에 높이 2~30cm의 보라빛 꽃이 핀다.
I. savatieri (금붓꽃) : 4~5월에 높이 2~30cm의 노란빛 꽃이 핀다.

독일 붓꽃

붓꽃-과

Iris germanica
(i'ris jer-man-i-ca)

Bread Iris,
Tall Bearded,
Purple Flag

크 기 높이 60~120cm, 포기 30~40cm로 군생하여 자란다.
형 태 *잎* 검(劍) 모양의 가는 잎이 봄에 뿌리줄기(根莖, rhizomes)에서 나온다.
꽃 굵은 꽃대 끝에 흰색, 분홍, 보라, 빨강, 주황, 노랑 빛깔의 화려하고 커다란 꽃이 봄과 초여름에 핀다.
개화기 5~6월.
자생지 남부 유럽.
내한성대 4, 5, 6, 7, 8.
재 배 *적지* 햇빛이 잘 들고 배수가 좋은 토양.
이식 식재거리 30cm, 가을에 식재한다.
병충해 별로 없다.
번식 포기 나누기.
조 경 화단, 경재화단, 일시적인 산울타리, 왜생종은 암석정원.
학 명 *속명* 그리스어 무지개에서 유래.
종명 독일 원산의.
재배변종 'Ola Kala'
'Rippling Waters'
'Starshine'
'Velvet Vista'

범부채

붓꽃-과

Belamcanda chinensis
(bel-am-kan'da chi-nen'sis)

Blackberry Lily,
Leopard Flower

크 기	높이 60~120cm로 곧게 서며, 포기 30~60cm로 자란다.	
형 태	*잎*	줄기 밑에서 두줄로 어긋나고, 평편하게 흰색을 띤다. 길이 30~50cm, 너비 2~4cm이고 끝이 뾰족하다.
	꽃	1~2회 분지한 줄기 끝에 크기 5~6cm의 황적색 바탕에 짙은 암적색 점이 있는 꽃이 여러개 피며, 꽃잎은 6장이다.
	개화기	7~8월.
자생지	한국 산지의 풀밭.	
내한성대	4, 5, 6, 7, 8, 9, 10.	
재 배	*적지*	햇빛이 잘 들고 반그늘진 곳으로 비옥하고 배수가 좋은 토양.
	이식	식재거리 30cm, 봄에 포기 나누어 심는다.
	병충해	별로 없다.
	번식	실생번식(자연발아가 잘 된다), 포기 나누기.
조 경	경재화단, 주택정원, 자연풍경 꽃밭, 숲속 경관식재.	
학 명	*속명*	인도 마라바 지방의 식물 이름.
	종명	중국의.

IV 알뿌리 화초

알뿌리 화초는 여러해살이 식물에 속하지만 땅속의 뿌리나 줄기에 영양분을 저장하는 다육조직이 발달한 점이 다르다.

1) 알뿌리의 형태

① 비늘줄기(인경 ; bulb) : 잎이 변형되어 살이 찐 것으로, 단축된 줄기를 겹쳐서 싸고 구형(球形)을 이루며 제일 바깥쪽은 피막(被膜)으로 덮여 있는 것을 유피인경(有皮鱗莖)이라고 하며, 튤립, 수선화, 상사화, 꽃무릇, 히아신스, 구근 아이리스, 실라, 스노우 드롭 등이 있다. 살찐 잎이 짧은 줄기를 나선 모양으로 싸서 구형을 이루는 것을 무피인경(無皮鱗莖)이라고 하며 백합류가 여기에 속한다. 잎과 꽃이 나올 때 저장양분이 점차로 소비되어 비늘잎은 얇은 막으로 된다. 새로운 알뿌리가 생길 때 모구(母球)가 전혀 손실되지 않고 새것이 나오는 것으로는 튤립, 구근 아이리스 등이 있고, 일부분만 소비되고 다른 부분이 비대해져 영양분을 저장하는 것으로는 수선화, 히아신스, 백합 등이 있다. 비늘줄기는 모두 백합과 식물에 속한다.

② 구슬줄기(구경 : corm) : 줄기가 특별히 단축 비대하여 구형(球形) 또는 편구형(偏球形)을 이룬 것으로 여기에 영양분을 저장한다. 엽초부분이 막 모양을 이루며 피막을 형성하는데, 어떤 것은 그물 모양이 되는 것도 있다. 줄기와 잎이 자람에 따라 저장양분이 소비되면서 줄기의 기부가 점차 비대해지며 새 구슬줄기가 모구에 접촉하여 형성되고 모구는 완전 소실된다(글라디올러스, 크로커스, 프리지어, 익시아, 트리토니아 등 붓꽃과 식물).

③ 덩이줄기(괴경 : tubers) : 땅속줄기와 뿌리의 일부가 비대하여 양분을 저장하는 것으로, 덩이줄기의 표면에는 잎이 변형된 피막이 있고 대부분 부정형을 이룬다. 눈(芽)은 한 곳에만 있는 것과 여러 곳에 흩어져 있는 것이 있다. 모구는 소실되지 않고 해마다 자라서 커지는데 대체로 모양이 둥근 종류는 모구가 커짐에 따라 자구를 만들고 해가 지날수록 눈의 수가 많아진다(아네모네, 시클라멘, 라넌쿨러스, 칼라, 구군 베고니아, 칼라디움, 글록시니아). 모두 쌍떡잎식물이다.

④ 덩이뿌리(괴근 : tubers root) : 뿌리에 양분을 저장하여 비대한 것으로

생장점은 덩이뿌리에 붙어 있는 줄기 밑부분에 자리잡고 있다. 싹이 나오면 덩이뿌리에서 실뿌리가 나와서 수분흡수를 하며 새로이 덩이뿌리를 만들어낸다(다알리아).

⑤ 뿌리줄기(근경 : rhizomes) : 땅속줄기가 비대한 것으로 땅속에서 수평으로 뻗어나가며 건조에 견디는 것이 많고, 뿌리줄기의 끝부분이나 마디에 눈이 생겨 싹이 나오며 실뿌리도 여기서 나온다(저맨 아이리스, 칸나, 꽃생강).

2) 식재 시기

내한성 문제로 식재 시기가 생긴다.

① 봄에 심는 알뿌리 화초(여름에 꽃 피는 알뿌리 화초) : 상사화, 튜베로스, 칼라, 칼라디움, 글라디올러스
② 가을에 심는 알뿌리 화초(봄에 꽃 피는 알뿌리 화초) : 무스카리, 크로커스, 수선화, 튤립, 히아신스, 실라

3) 식재 깊이

식재 깊이는 지면에서부터 알뿌리의 머리까지의 길이를 말하는데 대략적으로 큰 알뿌리는 키의 세 배의 깊이로, 작은 알뿌리는 키의 네 배의 깊이로 심으면 된다. 알뿌리 화초는 좀 깊게 심으면 영양번식을 방지하고 꽃이 건강하게 필 수 있다.

4) 알뿌리 화초의 식재장소

① 꽃밭 : 알뿌리 화초 한 종류만 심을 수도 있고 한해살이 화초 또는 여러해살이 화초들을 꽃밭에 함께 심을 수도 있다.
② 관목이 있는 경재화단 : 관목들 사이의 빈 공간에 심어서 화단에 아름다운 빛깔을 더해준다.
③ 지피식물 : 알뿌리 화초를 지피식물로 이용한다.
④ 용기식재 : 용기에 알뿌리 화초를 모아 심는다.
⑤ 암석정원 : 알뿌리 화초는 암석정원에 잘 어울린다.
⑥ 자연풍경 식재 : 숲속 풀밭에 식재한다.

A. 봄에 심는 알뿌리 화초

칸나
다알리아
글라디올러스
백합
참나리
알리움
얼레지
상사화
라넌쿨러스

칸 나

칸나-과

Canna generalis
(kan'na je'n-ərəl-is)

Common Garden Canna, Indian Shot

크 기 높이 60~80cm, 포기 30~60cm로 자란다.

형 태 *잎* 높이가 크고 튼튼한 줄기에 큰 난형(卵形)으로 나오며 녹색 또는 적자색이다.

꽃 줄기 끝에 12~15cm의 꽃이 한여름부터 늦여름까지 분홍, 빨강, 주황, 노랑 또는 겹꽃 빛깔의 꽃이 핀다.

개화기 8~10월.

자생지 원종(*C. indica*)은 중남 아메리카이지만 교잡종이 많이 있다.

내한성대 9, 10.

재 배 *적 지* 햇빛이 잘 들고 반그늘진 곳으로 습기가 있고 배수가 좋으며 유기물이 있는 양토.

이 식 식재거리 30~45cm, 봄에 10cm 깊이로 화단에 심는다.

병충해 별로 없다.

번 식 분구.

조 경 화단, 경재화단에서 집단식재, 용기식재.

학 명 *속 명* 셀트어 can(갈대)에서 전용된 것이다.

종 명 일반의, 보통의.

재배변종 'Rosemond Close'
'Pretoria'
'Golden Vine'
'Stuttgart'
'Black Forest'

다알리아

국화-과

Dahlias hybrids
(dahl'ya hib'ri-dz)

Common Dahlia

크 기 높이가 왜생종은 30cm, 포기 30cm이며 고생종은 1.5m, 포기 1.2m로 다양하다. 여러해살이나 한해살이 화초로 취급되며 겨울에는 실내에서 저장한다.

형 태 *잎* 마주나며, 복엽(複葉)이고 소엽(小葉)은 갈라진다.

꽃 줄기 끝에 두상화가 달리는데 형태는 아네모네형, 데이지형, 선인장형, 구형, 폼폰(pom pon)형 등 다양하다. 빛깔도 분홍, 빨강, 노랑, 겹색깔 등이 있다.

개화기 8~10월.

자생지 원종은 멕시코, 과테말라의 고산지대의 원산으로 교잡종이다.

내한성대 9, 10.

재 배 *적지* 햇빛이 잘 들고 배수가 잘 되는 토양.

이식 식재거리는 고생종은 1m, 왜생종은 20cm이며, 식재깊이는 고생종은 15cm, 왜생종은 5~10cm로 심는다. 여름에 멀칭하고 가물면 관수한다.

병충해 바이러스, 네마토다.

번식 분구, 꺾꽂이, 접목.

조 경 왜생종은 화단이나 경재화단에서 앞쪽에 심는다. 화분, 용기식재, 고생종은 경재화단에서 뒤쪽에 심는다.

학 명 *속명* 스웨덴의 식물학자로 린네의 수제자 안드레이스 다흘(Andreas dahl, 1751~1798) 교수의 이름을 기념한 것이다.

종명 교잡종의.

재배변종 : 홑꽃, 아네모네꽃, 모란꽃, 장식적 꽃, 공모양, 폼폰, 선인장꽃 모양으로 구분한다.

글라디올러스

붓꽃-과

Gladiolus hortulanus
(glad-i-o'lus hor-tu-lan-us)

Gladiolus,
Corn Flag,
Sword Lily

크 기 높이 60~150cm, 포기 15~30cm로 자란다. 여러해살이 알뿌리 화초이나 한해살이 화초로 취급한다.

형 태 *잎* 납작하고 검(劍) 모양으로 길고 녹색이다.
꽃 가늘고 긴 꽃대에 수상화서가 나와 많은 꽃이 계속 피어난다. 개화기는 여름에서 초가을까지이고, 복숭아빛, 분홍, 빨강, 흰색 등 빛깔이 다양하다.
개화기 7~8월.

자 생 지 원종은 남 아프리카의 희망봉. 대부분 교잡종이다.

내한성대 8, 9, 10.

재 배 *적지* 햇빛이 잘 들고 배수가 잘 되는 토양.
이식 식재거리 10~25cm, 깊이 10~25cm로 봄(3~4월)에 심는다. 내한성대 7℃ 이상 지역에서는 서리가 온 후에 알뿌리를 캐서 실내에 저장한다.
병충해 후사리움병(저장구근이 미라화된다), 모자이크병, 바이러스병.
번식 자구번식.

조 경 화단에서는 가운데에, 경재화단에서는 뒤쪽에 식재, 절화.

학 명 *속명* 라틴어 gladius(검)의 축소형이며 잎의 모양이 검을 닮은데서 유래.
종명 원예종의.
재배변종 : 많은 변종, 재배변종들이 있다.

백 합

백합-과

Lilium hybrids
(lil'i-um hib'ri-bz)

Lilies

크 기 높이 60~150cm, 포기 15~30cm로 줄기는 곧게 자란다.
형 태 *잎* 어긋나며, 좁은 피침형(披針形)으로 줄기에 돌려난다.
꽃 줄기 끝에 1개 또는 수개의 총상화서에 나팔 모양의 꽃이 달린다. 향기가 있고 흰색인데 개량종은 노란색도 있다.
개화기 5~6월.
자 생 지 아시아에 주로 분포하며 북아메리카와 유럽에도 있다.
내한성대 4, 5, 6, 7, 8.
재 배 *적지* 햇빛이 잘 들고 반그늘진 곳으로 배수가 좋은 토양.
이식 식재거리 15~20cm, 가을에 20cm 정도 깊게 파고 식재, 구덩이 바닥은 부드럽게 한다. 멀칭을 해서 서늘하게 습도 유지를 해주고 개화 전에 가물면 물을 준다.
병충해 바이러스.
번식 자구번식.
조 경 화단, 경재화단, 기초식재.
학 명 *속명* 라틴어의 옛 이름이며 겔트어의 li와 그리스어의 leirion은 모두 흰빛을 가리킨다.
종명 교잡종의.
그밖의 종 *L. auratum* : 일본원산으로 꽃잎 가운데 노랑줄이 있고 점이 흩어져 있다.
L. candidum : 지중해지역 원산으로 순백색이다.
L. formosanum : 대만 원산으로 담황색이다.
L. longiflorum : 일본 원산으로 순백색이다.

참나리

백합-과

Lilium tigrinum
(lil'i-um ti-gri'num)

Tiger Lilies

크 기 높이 1~2m으로 곧게 서며, 포기 20~30cm로 자란다.

형 태 *잎* 어긋나며, 피침형으로 길이 5~18cm, 너비 10~20cm이고 잎자루는 없다. 잎 겨드랑이에 까만 주아(珠芽)가 달린다.

꽃 줄기 끝부분에 4~20개 꽃송이가 아래로 향해 달리며 6개의 적황색 화피 조각은 뒤로 젖혀지고 검은 반점이 있다.

개화기 7~8월.

자생지 한국 전역의 산야.

내한성대 3, 4, 5, 6, 7, 8.

재 배 *적지* 햇빛이 잘 들고 배수가 좋은 비옥한 토양.

이식 식재거리 30cm로 봄에 심는다.

병충해 별로 없다.

번식 자구번식, 주아번식.

조 경 경재화단의 뒤쪽에 식재, 주택정원, 야생풍경 꽃밭.

학 명 *속명* 라틴어 옛 식물 이름이며 겔트어 li와 leirion은 모두 흰빛을 뜻한다.

종명 호랑이 같은 얼룩무늬가 있는.

그 밖의 종 땅나리(*L. callosum*) : 높이 60~100cm로 꽃이 땅을 향한다.

하늘나리(*L. concolor* var. *partheneion*) : 높이 30~60cm로 꽃이 하늘로 향한다.

말나리(*L. distichum*) : 높이 80cm로 꽃이 옆으로 향한다.

중나리(*L. leichtlinii* var. *tigrinum*) : 높이가 50~100cm로 말나리보다 작다.

알리움

백합-과

Allium giganteum
(al'i-um ji-gan-te'um)

Giant Onion,
Giant Garlic,
Ornamental Onion

크 기 잎의 높이 45cm, 꽃대의 높이 90~150cm이며, 포기 약 45cm이다.
형 태 *잎* 길이 45cm, 너비 5cm 정도이고 회녹색이다.
꽃 꽃의 크기는 직경 10~15cm의 공 모양으로 산형화서이며, 가느다란 작은 꽃자루에 수백 개의 꽃이 달리며 보라빛 꽃이 핀다.
개화기 6월.
자생지 중앙 아시아.
내한성대 5, 6, 7, 8.
재 배 *적지* 햇빛이 잘 들고 약간 반그늘진 곳으로 배수가 좋은 토양.
이식 식재거리 20~30cm, 가을이나 이른 봄에 20cm 깊이로 심는다. 겨울에 짚, 낙엽 등으로 멀칭한다.
병충해 별로 없다.
번식 분구가 어렵다.
조 경 화단, 경재화단에서 강조식물, 절화(잘라 주면 수주일 후 새 꽃이 핀다), 말린 꽃.
학 명 *속명* 라틴 고대의 이름이며 켈트어로 맵다, 냄새가 난다의 뜻이 있다.
종명 거대한.
그밖의 종 *A. aflatunense* : 높이 75cm이고 보라빛꽃이 핀다.
A. karataviense : 높이 25cm이고 잎이 매력적이다.
A. christophii : 높이 60cm이고 꽃의 직경이 20cm이다.

얼레지

백합-과

Erythronium japonicum
(er-i-thro'ni-um ja-pon'i-kum)

Erythronium Lily,
Trout Lily

크 기 높이 20~30cm, 포기 15cm로 자란다. 인경(鱗莖)은 긴 타원형으로 크기 5~6cm이며 땅속 깊이 있다.

형 태 *잎* 마주나며, 긴 타원형 또는 난형으로 길이 7~12cm, 너비 4~6cm이고 끝이 뾰족하고 긴 잎자루가 있다.

꽃 긴 줄기 끝에 1개씩 달려 밑으로 향하며 홍자색으로 핀다. 꽃잎은 6개이고 뒤로 젖혀지며 기부에는 짙은 W자 무늬와 꿀샘이 있다.

개화기 4월.

자생지 한국의 햇빛이 잘 드는 산록이나 숲속.

내한성대 4, 5, 6, 7, 8.

재 배 *적지* 햇빛이 잘 들고 배수가 좋은 비옥한 토양.

이식 식재거리 20cm.

병충해 별로 없다.

번식 분구.

소 경 숲속 경관식재, 야생풍경 꽃밭, 암석정원, 경재화단.

학 명 *속명* 그리스어 eruthros(붉은빛)에서 온 것으로, 이 속의 어느 꽃은 적자색 꽃이 핀다.

종명 일본의.

그밖의 종 *E. dens-canis* 'White Spendour'
E. revolutum 'White Beauty'

상사화

수선화-과

Lycoris squamigera
(li-ko'-ris skwa-mi-ge-ra)

Magic Lily,
Laked lady,
Hurricane Lily

크 기	꽃대의 높이 60cm, 잎 30cm, 포기 15cm로 자란다.	
형 태	*잎*	이른 봄에(3월 중순) 넓고 긴 선형(線形)의 잎이 쌍으로 마주나오며 녹색 빛을 띤다. 초여름이 되면 시들어 말라 죽는다.
	꽃	한여름에 굵은 꽃대가 높이 나오고 그 끝에 10cm 크기의 백합 모양의 분홍색 꽃이 3~5송이 달린다.
	개화기	7~8월.
자생지	한국의 중부, 일본의 중부 이북.	
내한성대	4, 5, 6, 7, 8, 9.	
재 배	*적지*	햇빛이 잘 들고 반그늘진 곳으로 배수가 좋고 여름에 건조한 토양.
	이식	식재거리 20cm, 깊이 10~12cm로 봄에 심는다.
	병충해	별로 없다.
	번식	분구한다. 분구를 안 하면 무더기로 자란다.
조 경	화단, 경재화단, 용기식재, 절화, 주택정원, 자연풍경 꽃밭.	
학 명	*속명*	그리스 신화 중의 해녀 신 리코리스(Lycoris)에서 유래.
	종명	인편(비늘줄기)이 있는.
그밖의 종	*L. radiata* : 미. 남동부에 자생한다.	

라넌쿨러스

미나리아재비-과

Ranunculus asiaticus

(ra-nung'ku-lus a-shi-at'i-kus)

Buttercup, Ranunculus, Turban Flower

크 기	높이 20~40cm, 포기 20cm로 자란다.	
형 태	*잎*	복엽의 잎은 3개의 소엽이 있고 톱니가 있다. 깊게 갈라지며 연녹색을 띤다.
	꽃	긴 꽃대에 크기 5cm 정도의 1~4개 꽃이 달리며 꽃의 빛깔은 흰색, 노랑, 주홍, 분홍 등 다양하다.
	개화기	5~6월.
자생지	크레타, 남서 아시아.	
내한성대	6, 7, 8, 9.	
재 배	*적지*	매우 비옥한 양토, 햇빛이 들거나 반그늘진 곳.
	이식	식재거리 20cm로 덩이뿌리는 5cm 깊이로 심는다. 추운 곳에서는 봄에 심고 따뜻한 곳에서는 가을에 심는다. 꽃이 지고 잎이 노랗게 되면 덩이뿌리는 파낸다.
	번식	포기 나누기.
학 명	*속명*	개구리(L.rana)의, 습한 곳에서 많이 자라는데서 유래.
	종명	아시아 원산의
그 밖의 종	*R. aconitifolius* : 중·남유럽 원산.	
	R. acris : 유럽, 아시아 원산.	
	R. ficaria : 유럽, 서아시아 원산.	
	R. glacialis : 유럽, 그린랜드 원산.	
	R. montana : 유럽, 코카서스 원산.	
	R. pyrenaeus : 피레네 산맥 원산.	

B. 가을에 심는 알뿌리 화초

꽃무릇(석산)
튤립
무스카리
콜치컴
스킬라
카마시아
스페인 푸른종
히아신스
수선화
눈송이꽃(스노우 드롭
루코줌(스노우 후레이크)
크로커스
그물 붓꽃
프리틸리아(황제 왕관)

꽃무릇 [석산]

수선화-과

Lycoris radiata
(li-ko'-ris ra-di-a'ta)

Spider Lily

크 기 잎의 높이 30~40cm, 꽃대의 높이 30~50cm로 자란다.

형 태
- *잎* 알뿌리에서 꽃이 진 후에 나오며 넓은 선형으로 광택이 있는 진한 녹색이다. 여름이 되면 말라 죽는다.
- *꽃* 굵은 꽃대가 올라와서 그 끝에 5~10송이의 진분홍 꽃이 방사상으로 달린다. 화피 조각은 6개인데 심하게 뒤로 젖혀지고 암술은 길게 꽃 밖으로 나온다.
- *개화기* 9~10월.

자생지 한국 남부지방에 식재, 중국과 일본의 남부지방.

내한성대 8, 9.

재 배
- *적지* 햇빛이 잘 들고 배수가 좋은 토양.
- *이식* 식재거리 15~20cm, 깊이 8~10cm로 봄에 심는다.
- *병충해* 별로 없다.
- *번식* 분구.

조 경 주택정원, 사찰정원에서 흔히 식재한다. 자연풍경 꽃밭.

학 명
- *속명* 그리스 신화 중의 해녀신 리코리스(Lycoris)에서 유래. 꽃이 아름답다.
- *종명* 방사상의.

튤 립

백합-과

***Tulipa* hybrids**
(tu'li-pa hib'ri-dz)

Tulip

크 기 높이 15~90cm, 포기 15~25cm로 재배변종에 따라 다르다.
형 태 *잎* 알뿌리에서 나오며 넓은 난형 또는 피침형으로 회녹색을 띤다. 여름이 되면 잎은 점차 노랗게 변하고 시들어 죽는다.
꽃 꽃대는 가늘고 곧게 서며 그 끝에 크기 10cm 정도의 꽃이 한 송이 핀다. 꽃잎은 이탈성이 있다. 분홍, 빨강, 노랑 등 빛깔이 다양하다.
개화기 3~4월.
자생지 원종은 지중해지역, 소아시아(터키). 교잡종이다.
내한성대 3, 4, 5, 6, 7, 8.
재 배 *적 지* 햇빛이 잘 들고 반그늘지고 배수가 좋으며 여름에 건조한 토양. 약알칼리성 토양에서 잘 자란다.
이 식 식재거리 15~20cm, 깊이 10~15cm로 가을에 심는다. 꽃이 진 후 알뿌리는 캐내어 건조시켜 저장한다.
병충해 잿빛 곰팡이병, 바이러스병.
번 식 자구번식.
조 경 화단, 경재화단에 집단식재, 용기식재, 창가식재, 절화.
학 명 *속 명* 페르샤의 옛 이름으로 tulipan(두건, 머리수건)에서 유래된 것으로 꽃 모양이 비슷하다.
종 명 교잡의.
재배변종 'Angelique' : 높이 40cm, 핑크빛의 겹꽃이다.
'Apricot beauty' : 높이 35cm의 봉숭아빛 꽃이 핀다.
'Ballade' : 높이 60cm의 보라꽃이 핀다.
'Maureen' : 높이 90cm의 흰꽃이 핀다.
'Neqrita' : 높이 40cm의 보라빛 꽃이다.
'Queen of the Night' : 높이 60cm의 검은 꽃이다.
'Red Emperor' : 높이 45cm의 심홍색 꽃이다.

무스카리

백합-과

Muscari armeniacum
(mus-ka'-ri ar-men-i-a-kum)

Grape Hyacinth

크 기 잎과 꽃대의 높이 15~20cm, 포기 8~10cm로 자란다.
형 태 *잎* 좁은 선형으로 6~8매의 녹색 잎이 이른 봄에 나오고, 초여름이 되면 잎이 노랗게 변하여 죽는다.
꽃 이른 봄에 꽃대가 나와 총상화서에 6mm 크기의 보라빛 꽃이 핀다. 꽃은 통 모양 또는 자루 모양이며 아래로 향하고 향기가 있다.
개화기 3~4월.
자생지 소 아시아.
내한성대 4, 5, 6, 7, 8.
재 배 *적지* 햇빛이 잘 들고 반그늘진 곳(낙엽교목이나 관목 아래)으로 배수가 좋은 토양.
이식 식재거리 10cm, 깊이 6~8cm로 가을에 심는다.
병충해 별로 없다.
번식 분구.
조 경 화단, 경계화단, 테두리 식재, 용기식재, 잔디밭이나 숲속에서 자연풍경식재.
학 명 *속명* 그리스어의 moschus(사향 냄새가 나는)에서 유래.
종명 아르메니아의.
재배변종 'Blue Spike'
'Cantab'

콜치컴

백합-과

Colchicum speciosum
(kol'chi-kum spe-si-o'sum)

Showy Autumn Crocus

크 기 잎과 꽃대의 높이 20cm, 포기 15cm로 자란다.

형 태 *잎* 이른 봄에 넓고 납작한 잎이 나오는데 광택이 난다. 초여름이 되면 노랗게 변하고 말라 죽게 된다.

꽃 초가을에 꽃대가 나와 그 끝에 10cm 크기의 술잔 모양의 핑크빛 꽃이 핀다.

개화기 9~10월.

자생지 지중해의 동부(터키 북부, 이란).

내한성대 4, 5, 6, 7, 8, 9.

재 배 *적지* 햇빛이 잘 들고 반그늘진 곳으로 배수가 좋은 토양.

이식 식재거리 15cm, 깊이 10cm로 늦은 여름과 초가을에 알뿌리를 심는다.

병충해 별로 없다.

번식 분구.

조 경 지피식물, 관목 아래 식재.

학 명 *속명* 소아시아에서 자생하는 colchis라는 식물에서 유래.

종명 화려한, 아름다운.

재배변종 'Waterlily' : 꽃이 크고 겹꽃이다.

'Album' : 흰꽃이 핀다.

스킬라

백합-과

Scilla sibirica
(ski-la si-bi-ri-ka)

Siberian Squill,
Bluebell

크　　기　잎과 꽃대의 높이 15cm, 포기 5~8cm로 자란다.

형　　태　*잎*　작은 알뿌리에서 2~4장의 넓은 선형의 잎이 길이 12~18cm로 나온다. 5월 상순경이 되면 잎이 점차 노랗게 변하고 말라 죽는다.

꽃　이른 봄에 꽃대 끝에 1.5cm의 별 모양의 하늘색 꽃이 3~4개 달린다.

개화기　3~4월.

자 생 지　러시아의 중남부, 시베리아, 보스니아, 세르비아, 아시아 서남부.

내한성대　3, 4, 5, 6, 7, 8.

재　　배　*적지*　햇빛이 잘 들고 반그늘진 곳으로 배수가 좋은 토양.

이식　식재거리 5~6cm, 깊이 8~10cm로 가을에 심는다.

병충해　별로 없다.

번식　분구.

조　　경　화단, 경재화단, 지피식물, 낙엽수 밑에 식재, 자연풍경식재, 용기식재.

학　　명　*속명*　그리스의 식물 이름 Sea squill(Urginea maritima)에서 전용.

종명　시베리아의.

재배변종　'Alba' : 흰꽃이 핀다.

'Spring Beauty' : 진한 보라빛 꽃이 핀다.

'Atrocaerulea' : 보라꽃이 핀다.

그밖의 종　*S. bifolia* (Bluebell)

S. peruviana (Cuban Lily, Peruvian Lily)

카마시아

백합-과

Camassia quamash
(ka'-mas'i-a kwah-mash)

Common Camass

크 기 높이 60~75cm, 포기 30cm로 자란다.
형 태 *잎* 좁고 긴 선형으로 녹색이며 늦은 여름이 되면 잎이 노랗게 변하여 시들어 죽는다.
꽃 긴 꽃대가 늦은 봄에 올라와서 크기 3~5cm의 큰 별 모양의 총상화서로 흰색, 보라 등의 꽃이 핀다.
개화기 3~4월.
자생지 아메리카 서북부.
내한성대 4, 5, 6, 7, 8.
재 배 *적지* 햇빛이 잘 들고 반그늘진 곳으로 습기가 있으나 습기 차지 않은 토양.
이식 식재거리 20~25cm, 깊이 10cm로 가을에 심는다.
병충해 별로 없다.
번식 분구.
조 경 연못이나 개울가를 따라서 식재, 습한 곳에 자연풍경 식재.
학 명 *속명* 북아메리카의 인디언 이름 camass에서 유래.
종명 북아메리카의 인디언 이름 quamash에서 유래.

스페인 푸른종

백합-과

Hyacinthoides hispanica
(hi'a-sinth-oi'-dez his-pah'-ni-ka)

Spain Blue Bell

크 기 꽃의 높이 30~40cm, 잎의 높이 20cm, 포기 10~15cm로 자란다.

형 태 *잎* 이른 봄에 작은 알뿌리에서 선형의 잎이 무더기로 나오며, 한여름이 되면 잎은 노랗게 변하여 말라 죽고 휴면에 들어간다.

꽃 꽃대는 굵고 길며 그 끝에 총상화서로 많은 종 모양의 꽃이 2cm 정도의 크기로 달린다. 흰색, 분홍, 보라빛이며 늦은 봄에 핀다.

개화기 4~5월.

자생지 유럽의 남서부, 북아프리카의 스페인.

내한성대 4, 5, 6, 7, 8.

재 배 *적지* 햇빛이 잘 들고 반그늘진 곳으로 배수가 좋고 유기물이 있는 토양.

이식 식재거리 10~25cm, 깊이 8~10cm로 가을에 심는다.

병충해 별로 없다.

번식 분구.

조 경 화단, 경재화단, 지피식물, 숲속에 자연풍경 식재.

학 명 *속명* 그리스어 히아신스를 닮은.

종명 스페인의.

그밖의종 *H. non-scripta*(영국 푸른종) : 높이 30cm이고 보라빛 꽃이 핀다.

히아신스

백합-과

Hyacinthus orientalis
(hi'-a-sin'thus or-i-en-ta'lis)

Common Hyacinth

크 기	높이 20~30cm, 포기 15cm로 자란다.	
형 태	*잎*	선상 피침형으로 4~6장이고 녹색이다.
	꽃	꽃대의 길이 20~30cm이고 이른 봄에 줄기 끝에 꽃송이들이 조밀하게 수상화서로 달리며, 향기가 있고 홑꽃 또는 겹꽃으로 핀다. 흰색, 분홍, 빨강, 주황, 노랑, 하늘색, 보라 등 빛깔이 다양하다.
	개화기	3~4월.
자생지	그리스, 시리아, 소아시아, 지중해 동부.	
내한성대	4, 5, 6, 7, 8.	
재 배	*적 지*	햇빛이 잘 들고 배수가 좋으며 유기물이 있는 토양.
	이 식	식재거리 15~20cm, 깊이 12~15cm로 가을에 심는다.
	병충해	부패병(저장중에 알뿌리), 백견병, 모자이크병.
	번 식	분구.
조 경	화단, 경재화단, 절화, 촉성재배, 용기식재.	
학 명	*속 명*	그리스 신화 중에서 청년 히아킨투스(hyakinthos)에서 유래. 이 청년이 죽어서 꽃이 되었다고 한다.
	종 명	동양의.
	재배변종	'Carnegie' : 흰꽃이 핀다. 'Delft Blue' : 연보라꽃이 핀다.

수선화

수선화-과

Narcissus hybrids
(nar-sis'us hib'ri-dz)

Daffodil,
Narcissus

크 기 잎과 꽃의 높이는 변종에 따라 15~50cm이며 포기 10~20cm로 자란다.

형 태 *잎* 선형 또는 피침형으로 알뿌리에서 나오며 한여름까지 녹색 잎으로 있다가 노랗게 변하고 말라 죽는다.

꽃 줄기 끝에 단생하거나 산형화서로 여러 개 달린다. 이른 봄에 노랑 또는 흰꽃이 핀다. 홑꽃, 겹꽃이 있고 꽃 모양도 컵, 퍼리앤스 계통이 있다.

개화기 3~4월.

자 생 지 유럽, 스페인, 포르투갈에 집중 분포, 일부는 아시아 서부, 프랑스 남부에서 소아시아, 제주도에도 이 속의 1종이 분포한다.

내한성대 4, 5, 6, 7, 8.

재 배 *적 지* 햇빛이 잘 들고 반그늘진 곳으로 배수가 좋고 유기물이 있는 토양

이 식 식재거리 10~20cm, 깊이 10~20cm로 가을에 심고, 잎이 진 후에 알뿌리는 휴면기에 건조 저장한다.

병충해 별로 없다.

번 식 분구.

조 경 화단, 경재화단, 용기식재, 절화.

학 명 *속 명* 그리스 신화의 청년 나르시스(Narcissus)에서 유래. 샘물에 비친 자신의 모습에 반해서 죽은 다음 꽃이 되었다고 한다.

종 명 교잡의.

재배변종 : 'King Alfred', 'Mount Hood', 'Romance', 'Mrs. R. O. Backhouse'

그밖의 종 *N. tazetta* var. *chinensis* (제주수선화) : 제주, 화순, 모슬포에 자생하며 2월경에 꽃이 피며, 화피 6장은 흰색, 부화관은 연노랑이다.

눈송이 꽃 (스노우 드롭)

수선화-과

Galanthus nivalis
(ga-lan'thus ni-va'lis)

Common Snowdrop

크　기　잎과 꽃의 높이 15cm, 포기 5~7cm로 자란다.
형　태　*잎*　작은 알뿌리에서 2~3개의 납작하고 좁은 선형의 잎이 나오며, 초여름이 되면 말라 죽는다.
　　　꽃　이른 봄에 꽃대가 나와서 2~3cm의 흰꽃이 줄기 끝에 핀다.
　　　개화기　3~4월.
자생지　유럽 및 서부 아시아.
내한성대　3, 4, 5, 6, 7, 8, 9.
재　배　*적지*　햇빛이 잘 들거나 반그늘지고 습기가 있고 배수가 좋은 유기물이 있는 토양.
　　　이식　식재거리 7~10cm, 깊이 7~10cm로 가을에 심는다.
　　　병충해　별로 없다.
　　　번식　분구.
조　경　화단, 지피식물, 낙엽관목과 교목 밑에 식재.
학　명　*속명*　그리스어 gala(우유)와 anthos(꽃)의 합성어로서 꽃이 흰데서 유래.
　　　종명　눈빛의, 눈 같이 흰.
　　　재배변종　'Flore Pleno' : 겹꽃이 핀다.
'Atkinsii'
'S. Arnott'

루코줌 (스노우 후레이크)

수선화-과

Leucojum aestivum
(lu-ko'-jum es-ti-vum)

Summer Snowflake (U.K.),
Giant Snowflake

크 기 잎과 꽃의 높이 30cm, 포기 15cm로 자란다.

형 태 *잎* 이른 봄에 알뿌리에서 긴 선형의 잎이 나오며, 잎은 꽃이 진 후에 한여름이 되면 노랗게 변해서 말라 죽는다.

꽃 늦은 봄에 가늘고 긴 꽃대가 나오고 그 끝에 2cm 크기의 흰 종 모양의 꽃이 달린다. 흰꽃잎 끝부분에 녹색 점을 갖고 있다.

개화기 5월.

자생지 유럽의 중앙 및 남부.

내한성대 4, 5, 6, 7, 8, 9.

재 배 *적지* 햇빛이 잘 들고 반그늘진 곳으로, 습기가 있고 배수가 좋은 유기물이 있는 토양.

이식 식재거리 15cm, 깊이 10cm로 가을에 심는다.

병충해 별로 없다.

번식 분구.

조 경 화단, 암석정원, 용기식재, 교목 밑에 하층식재, 절화, 경재화단에 수선화와 튤립 등과 함께 심는다. 습기가 있는 곳이나 숲속에 자연풍경 식재.

학 명 *속명* 그리스어 leucoin(흰)와 ion의 합성어.

종명 여름의.

그밖의종 *L. vernum* (spring snowflake) : 높이 15~20cm이고 흰꽃이 핀다.

L. aturmnale (autum snowflake) : 가을에 꽃이 핀다.

크로커스

붓꽃-과

Crocus speciosus
(kro'kus spe-si-o'sus)

Showy Crocus,
Autumn Crocus

크 기 잎의 높이 15cm, 꽃대의 높이 10~15cm, 포기 5cm로 자란다.

형 태 *잎* 가늘고 잔디 같은 잎이 이른 봄에 나온다.

꽃 이른 봄에 땅속 알뿌리에서 10~15cm의 긴 꽃대가 나와 그 끝에 5cm 크기의 꽃이 술잔 모양으로 피며 보라빛, 흰색, 핑크 또는 노란빛 등이다.

개화기 3~4월.

자 생 지 유럽의 중남부(터키, 이란, 크리미아, 코카서스).

내한성대 5, 6, 7, 8, 9.

재 배 *적 지* 햇빛이 잘 들고 배수가 잘 되는 토양.

이 식 식재거리 10~15cm, 7~8cm 깊이로 가을에 심는다.

병충해 별로 없다.

번 식 자구번식.

조 경 지피식물, 화단, 경재화단, 암석정원, 자연풍경식재, 용기식재.

학 명 *속 명* 그리스어 crokos 또는 croke(실)에서 유래, 암술이 실같이 가늘다.

종 명 화려한, 아름다운.

그밖의 종 *C. vernus* (Dutch crocus) : 지중해 지역 원산으로 흰색, 보라빛 꽃이 핀다.

C. tommasinianus (Winter crous) : 유고, 헝가리 원산으로 분홍색이다.

그물 붓꽃

붓꽃-과

Iris reticulata
(i'ris re-tik-u-la'ta)

Netted Iris,
Spanish Iris

크 기 꽃의 높이 10~15cm, 잎의 높이는 30cm이고 포기 5cm로 자란다.
형 태 *잎* 가늘고 긴 선형으로 진한 녹색이다.
꽃 이른 봄에 하늘색, 보라, 흰색의 꽃이 핀다.
개화기 3~4월.
자생지 아시아 서부(터키, 코카서스, 이란, 이라크).
내한성대 5, 6, 7, 8, 9.
재 배 *적지* 햇빛이 잘 들고 배수가 잘 되는 토양.
이식 식재거리 5cm, 깊이 7~10cm로 가을에 심는다. 잎이 노랗게 변하면 알뿌리를 파낸다.
병충해 별로 없다.
번식 분구.
조 경 화단, 경재화단, 지피식물, 용기식재(봄에 예쁘게 핀다).
학 명 *속명* 그리스어의 무지개에서 전용된 것이다.
종명 그물 무늬가 있는.
재배변종 'Cantab' : 연보라꽃이 핀다.
'Clairette' : 하늘색 꽃이 핀다.
'Hormony' : 중간하늘색 꽃이 핀다.
'Natascha' : 흰꽃이 핀다.

프리틸라리아 [황제 왕관]

붓꽃-과

Fritillaria imperialils
(frit-i-la'ri-a im-periə-lis)

Crown Imperial,
Checkered Lily

크　　기　높이 60~120cm로 줄기가 굵게 나오고 포기 30cm 정도로 자란다.

형　　태　*잎*　이른 봄에 잎이 유피인경에서 나오며 길이 20~30cm, 너비 2~3cm이고 끝은 차츰 가늘어진다.

꽃　늦은 봄에 키가 큰 줄기 끝에서 종 모양으로 여러 송이 피는데, 아래로 향해서 달리며 직경 5cm 정도의 주황색 빛이다. 꽃이 지자 마자 잎과 줄기는 노랗게 변해서 시들어 죽는다.

개화기　5월.

자 생 지　이란, 인도, 카시미르.

내한성대　5, 6, 7, 8, 9.

재　　배　*적지*　햇빛이 잘 들고 배수가 좋은 사양토.

이식　늦가을에 20cm 깊이 식재거리 30cm로 심는다.

번식　가을에 자구를 떼어낸다.

조　　경　화단, 경재화단에서 강조식물이 된다. 절화.

학　　명　*속명*　라틴어 fritillus(주사위를 넣는 통)에서 유래, 꽃이 통 모양이다.

종명　황제의, 장엄한, 우수한.

재배변종　'Lutea Maxima' : 노랑꽃이 핀다.

그밖의 종　*F. meleagris* : 종모양의 붉은색 꽃이 핀다.

F. pudica : 종모양의 노랑꽃이 핀다.

F. persica 'Adiyman' : 종모양의 보라빛 꽃이 핀다.

부 록

식물용어도해

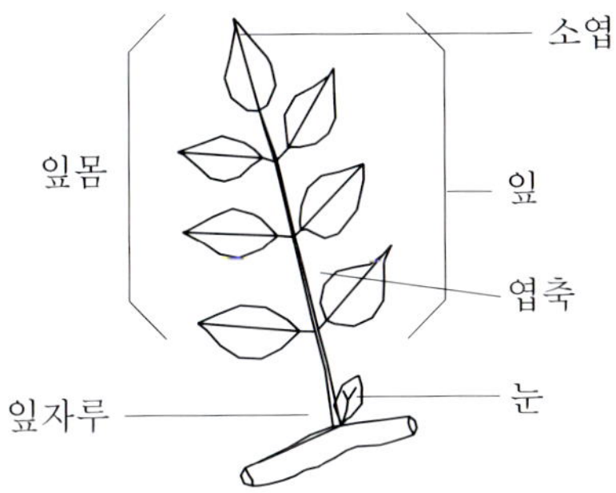

복엽

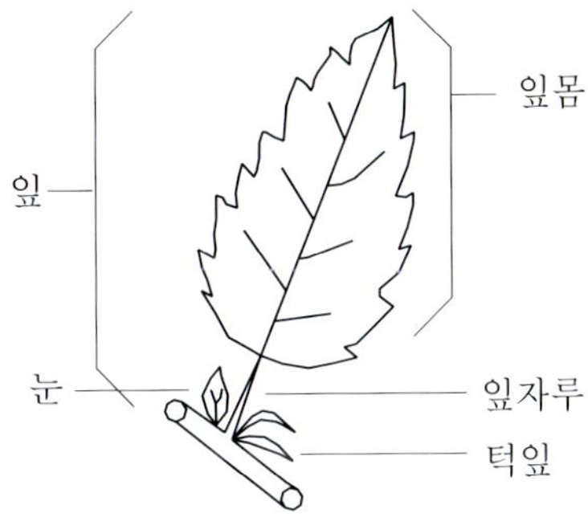

단엽

우상으로 갈라진 장상으로 갈라진 톱니가 있는 톱니가 없는

단엽

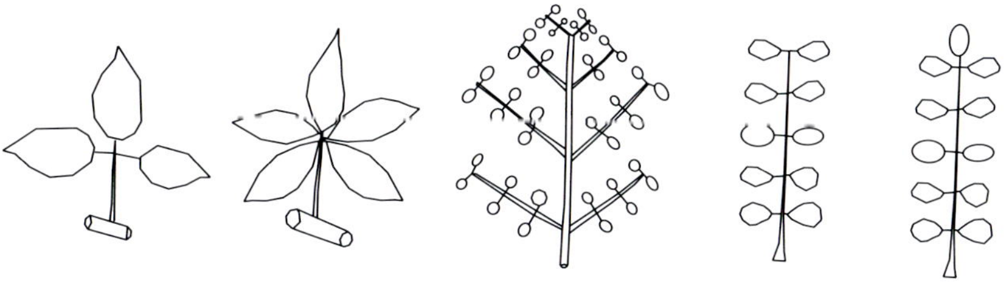

3출엽 5출엽 2회짝수우상복엽 짝수우상복엽 홀수우상복엽

복엽

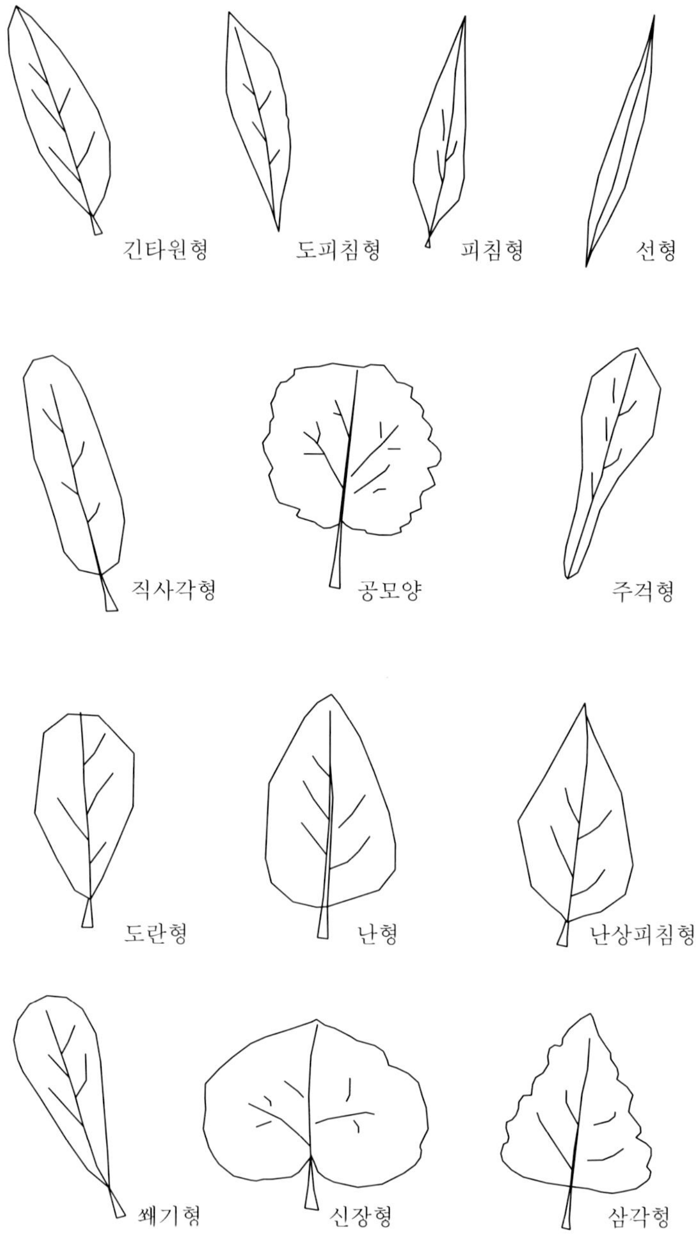

잎의 모양

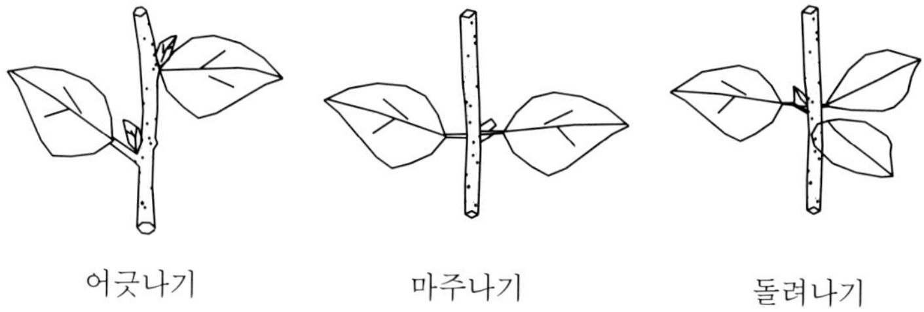

잎 차례

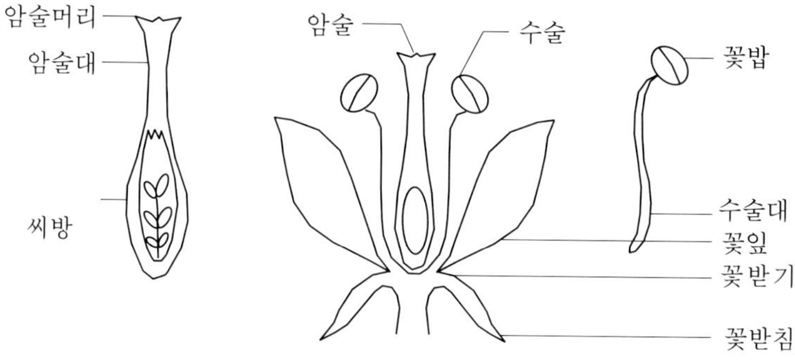

꽃의 부분들

씨방의 위치

꽃 차례

관모
열매
수과
작두
견과
씨
날개
시과
삭과
골돌과
협과
장과
이과
외과피
핵
중과피
내과피
핵과
취과
복과
외과피
중과피
내과피
감과

열매의 종류

식물용어해설

가종피(假種皮, 種衣, aril) : 수정 후에 어떤 종자 위에 형성되는 주피(珠皮)가 육질로 발달된 종피. 예) 주목 열매.

감과(柑果, hesperidium) : 내과피에 의하여 과육이 여러 개의 방으로 되어 있는 열매. 예) 감귤류

강모(剛毛, hispid, stringous) : 밑이 굵으며 딱딱한 털.

거(距, 며느리 발톱, spur) : 꽃받침이나 꽃잎의 일부가 대롱 모양으로 후방에 돌출한 것. 내부에 밀선을 갖고 충매에 관계된다. 예) 매발톱꽃, 제비꽃

견과(堅果, nut) : 과피가 목질이며 보통 1개의 종자가 들어 있는 열매. 예) 상수리, 밤

골돌과(蓇葖果, follicie) : 한 개의 암술로 구성되어 있으며 1개의 봉선을 따라 갈라지고 1개의 심피 안에 1~여러 개의 씨가 들어 있는 열매. 예) 목련, 벽오동

광타원형(廣楕圓形, 넓은 타원형, oval) : 너비가 길이의 ½ 이상 되는 잎 모양.

구과(毬果, cone) : 솔방울처럼 모인 포린 위에 2개 이상의 소견과가 달리는 열매. 예) 소나무, 측백나무

기수우상복엽(奇數羽狀複葉, 홀수 우상복엽, odd pinnate compound leaf) : 소엽의 홀수로 이루어진 잎.

기판(旗瓣, standard) : 콩과 식물의 접형화관의 꽃잎 5개 중 가장 큰 것. 익판(wing)은 좌우 1쌍의 꽃잎이고, 아래쪽 꽃잎 한 쌍이 붙어 있는 것은 용골판(keel)이라 한다.

난상(卵狀, ovate) : 달걀 모양 아래가 넓고 위가 좁은 잎(=난원형)

능형(菱形, 마름모형, rhomboid) : 변의 길이는 같으나 대각이 다른 모양의 잎, 줄기가 모 난 모양.

단정화서(單頂花序, solitary) : 꽃자루 끝에 1송이 꽃이 달린다.

대생(對生, 마주나기, opposite) : 한마디에 잎이 2개씩 마주 달린다.

도란형(倒卵形, obovate) : 계란이 거꾸로 선 모양.

두상화서(頭狀花序, head) : 짧은 화축(花軸) 끝에 작은 꽃자루가 없는 꽃이 밀생한다.

둔거치(鈍鉅齒, 둔한 톱니) : 잎 가장자리에 둔한 톱니가 있는

로제트(rosette)형 : 잎이 뿌리에서 나와(근출엽) 지면을 덮어서 마치 장미꽃 모양이다.

망상맥(網狀脈, 그물맥, netted vein) : 주맥에서 많은 잎맥이 그물처럼 퍼진 잎맥.
면모(綿毛, tomentosa) : 솜털 같은 털. 예)앵두
미상화서(尾狀花序, 유이화서, catkin) : 화축이 연하여 아래로 처지고 꽃잎이 없으며 포로 싸이고 꼬리 모양을 이룬다.
반곡(反曲, revolute) : 뒤로 젖혀진
복엽(複葉, compound leaf) : 2개 이상의 잎몸이 달리는 잎.
삭과(蒴果, capsule) : 많은 심피(心皮)로 구성되며 2개 이상의 봉선을 따라 사방으로 갈라진다. 예) 무궁화, 진달래, 모란
산방화서(繖房花序, corymb) : 늦게 갈라진 작은 꽃가루일수록 길어서 끝이 편평하게 된 모양을 이룬다.
산형화서(傘形花序, umbel) : 화축 끝에서 거의 같은 길이의 작은 꽃자루들이 갈라져서 우산살 모양으로 퍼져 나간다.
선모(腺毛, glandular hair) : 끝이 특별히 굵으며 점질을 분비하는 털.
선상(扇狀) ;부채를 편 것과 같은 모양으로 된 것.
선형(線形, linear) : 길이가 너비보다 훨씬 길다란 잎 모양
소엽(小葉, leaflet) : 복엽에 달리는 하나하나의 잎
속생(束生, bundle, fasciculate) : 잎의 다수가 다발과 같이 되어 생긴다. 예) 낙엽송
수과(瘦果, achene) : 폐과의 일종, 과피는 얇고 막질로 성숙하며 1실에 1종자가 들어 있는 열매. 예) 민들레
수상화서(穗狀花序, spike) : 작은 꽃자루가 없는 꽃들이 긴 화축에 달린다.
시과(翅果, samara) : 2개의 심피로 되어 있으며 날개가 달린다.
심피(心皮, carpel) : 종자식물 암컷의 생식세포를 구성하는 특수하게 분화된 잎
아린(芽鱗, bud scale) : 겨울눈에 딸린 인편 상의기관. 질이 두껍고 갈색이며 털, 왁스 수지, 코르크층으로 덮여 있다.
연모(緣毛, ciliate) : 잎 가장자리에 털이 한 줄로 달린다.
엽초(葉稍, leaf sheath) : 외떡잎식물에서 줄기를 감싸는 잎. 예) 조릿대
엽축(葉軸, rachis) : 복엽의 잎자루.
예거치(銳鋸齒, 뾰족한 톱니, serrate) : 잎가에 뾰족한 톱니가 있는
액생(腋生, axillary) : 가지와 잎자루 사이에서 나오는
액아(腋芽, 겨드랑이 눈, axillary bud) : 잎 겨드랑이에서 나오는 눈
엽액(葉腋, 잎겨드랑이, leaf axil) : 가지와 잎자루의 사이의 겨드랑이
엽서(葉序, 잎차례, phyllotaxy) : 잎이 줄기에 붙어 있는 상태.
엽흔(葉痕, leaf scar) : 잎자루가 가지에서 떨어져 나간 흔적. 크기와 모양이 식

물마다 다르다.

용골판(龍骨瓣, keel) : 콩과식물의 화관에서 아래쪽 한 쌍의 꽃잎. 보통 암술과 수술을 감싸고 있음.

우상(羽狀) : 새의 깃 같은 모양

우상복엽(羽狀複葉, pinnate compound leaf) : 소엽이 엽축 양쪽에 달리는 잎

우수우상복엽(偶數羽狀複葉, 짝수우상복엽, even pinnate compound leaf) : 소엽이 짝수인 우상복엽

원추화서(圓錐花序, panicle) : 총상화서의 복합형으로 원추형을 이룬다.

육수화서(肉穗花序, spadix) : 수상화서의 축이 육질로 살찐 것. 예) 천남성, 창포

윤생(輪生, 돌려나기, whorled) : 한 마디에 3개 이상의 잎이 달린다.

융모(絨毛, villous) : 길고 부드러운 털.

은화과(隱花果, syconium) : 주머니처럼 생긴 육질의 화탁(花托) 안에 많은 수과가 들어 있는 열매. 예)무화과

이과(梨果, pome) : 꽃받기(화탁)가 발달하여 육질이 되고 심피는 연골질 또는 지질이 되며 다심피에 다종자인 열매.

인경(鱗莖) : 줄기가 짧아져, 그 주위에 양분을 저장하며 두껍게 된 잎이 겹쳐 구형・타원형・달걀꼴을 이룬 지하경.

자웅동주(雌雄同株, 암수한그루, monoceous tree) : 암꽃과 수꽃이 한 그루에서 달린다. (일가화, 一家花)

자웅이주(雌雄異株, 암수딴그루, dioecious tree) : 암꽃과 수꽃이 각각 다른 그루에서 달린다. (이가화, 二家花)

장과(漿果, berry) : 육질로 되어 있는 내외벽 안에 많은 씨가 들어 있는 열매.

장미과(薔薇果, rose hip) : 꽃받침이 발달하여 육질의 통이 되고 그 안에 많은 소견과가 들어 있는 열매.

장상복엽(掌狀複葉, palmate compound leaf) : 소엽이 잎자루 끝에서 방사상으로 퍼져 나가며 달리는 잎.

장타원형(長楕圓形, 긴타원형, oblong) : 길이가 너비의 2배 이상으로 긴 모양.

적심(摘心, 순치기, pinching) : 줄기나 가지 끝부분을 잘라 버리는 것. 측아가 많이 생겨 가지가 잘 퍼진다.

전연(全緣, 톱니가 없는, entire) : 잎 가장자리에 톱니가 없다.

지하경(地下莖) : 땅 속에 있는 식물의 줄기

주피(珠皮, integument) : 배주(胚珠, ovule)를 둘러싼 껍질.

중렬(中裂, cleft) : 잎 가장자리가 주맥까지 길이의 ½ 이상 갈라진다.

천열(淺裂, lobed) : 잎 가장자리의 갈라진 아랫부분이 원형이고 깊이가 주맥까지 ½로 갈라진다.

총상화서(總狀花序, raceme) : 작은 꽃자루의 길이가 거의 같은 꽃들이 화축에 달린다. 예) 등나무, 아카시아

총포(總苞, involucre) : 꽃자루의 일부가 뚜렷하게 짧게 되어 포엽이 하나로 밀집된 것. 예) 참나무과, 국화과, 미나리과

취과(聚果, aggregate fruit) : 심피 또는 꽃받기(화탁)가 육질로 되고 많은 소핵과로 구성되는 열매. 예) 딸기

취산화서(聚繖花序, cyme) : 화축 끝에 달린 꽃 밑에서 1쌍의 꽃자루가 나와 그 끝에 꽃이 달리고, 그 꽃 밑에 다시 각각 1쌍씩의 작은 꽃자루가 나와 1개씩 꽃이 달린다.

치아상(齒牙狀, 이빨 모양, dentate) : 밖으로 향하여 뾰족하게 커다란 톱니가 있는 모양.

타원형(楕圓形, elliptical) : 길이가 너비의 2배가 되고 양끝이 비스듬한 모양.

태좌(胎座, placenta) : 씨방 안에서 배주(밑씨)가 착생하는 자리. 예) 콩과는 측막태좌, 백합과는 중축태좌이다.

포, 포엽(包, 包葉, bract, bract leaf) : 꽃의 밑, 잎의 위에 붙어 있어 특이한 모양을 한 잎으로 조금 작고 잎이나 꽃이 되면 먼저 떨어지는 경우가 많다. 산딸나무, 포편세티아는 오랫동안 남는다. 위치와 크기에 따라 총포, 소포로 구분한다. 화서를 감싸며 크게 자라는 것은 불염포로 한다.

피침형(披針形, lanceolate) : 창모양으로 길이가 너비의 몇 배 되고 밑에서 ⅓ 정도 되는 부분이 넓으며 끝은 뾰족하다.

핵과(核果, drupe) : 내과피가 단단한 핵으로 되고 중과피는 육질이며 외과피는 얇고 보통 1실에 1개 종자가 들어 있다. 예) 앵두, 복숭아, 살구

혁질(革質, coriaceous) : 잎이 가죽처럼 두껍다.

협과(莢果, 꼬투리, legume) : 한 개의 암술로 구성되며 2개의 봉선을 따라 갈라진다. 예) 콩과

호생(互生, 어긋나기, alterate) : 한 마디에 잎이 1개씩 달린다.

화관(花冠, 꽃부리, corolla) : 꽃잎의 전부, 하나하나의 꽃잎을 화관이라고 한다, 배형, 종형 항아리형, 통형, 설상형, 관상형 등이 있다.

화축(花軸, 꽃대, floral axis, rachis) : 꽃차례에서 1차 축을 가리키며 여기서 작은 꽃자루가 달린다.

화탁(花托, 꽃받기, receptacle) : 줄기나 가지의 끝부분, 특히 절간이 단축하여 꽃잎과 꽃받침이 붙은 부분.

화피(花被, 꽃덮이, perianth) : 꽃잎과 꽃받침을 통틀어 화피라 한다. 암술과 수술을 보호한다. 꽃잎과 꽃받침이 같은 모양일 때 화개(花蓋)라 한다.

식물이름 찾아보기

학명 찾아보기

참고문헌

이휘재, 한국 식물도감 화훼류, 1964, 문교부.

Taylor's Guide to ANNUALS, 1986, Houghton Milfflin Company, Boston.
Taylor's Guide to PERENNIALS, 1961, Houghton Milfflin Company, Boston.
Taylor's Guide to BULBS, 1976, Houghton Milfflin Company, Boston.
Better Home Gardens, ANNUALS, 1978, Meredith Corporation, Des Moines, Iowa.
Better Home Gardens, PERENNIALS, 1978, Meredith Corporation, Des Moines, Iowa.
Essential, ANNUALS, 1989, Crescent Books, New York.
Essential, PERENNIALS, 1989, Crescent Books, New York.
Green Life, ANNUALS, 1974, Time Life Books.
Green Life, PERENNIALS, 1974, Time Life Books.
Green Life, BULBS, 1974, Time Life Books.
All About ANNUALS, 1987, Ortho Book, San Romon, Ca.
All About PERENNIALS, 1981, Ortho Book, San Romon, Ca.
All About BULBS, 1986, Ortho Book, San Romon, Ca.
Burpee American Gardening Series ANNUALS, 1991, Prentice Hall Press, New York.
Burpee American Gardening Series PERENNIALS, 1991, Prentice Hall Press, New York.
Burpee American Gardening Series BULBS, 1992, Prentice Hall Press, New York.
Burpee American Gardening Series WATER GARDENING, 1993, Prentice Hall Press, New York.
Burpee American Gardening Series ROCK GARDENING, 1994, Prentice Hall Press, New York.
Burpee American Gardening Series GARDEN DESIGN, 1991, Prentice Hall Press, New York.
Rodales Successful Organic Gardening ANNUAL AND BULBS, 1995, Rodale Press, Emmaus, Pean.

Rodales Successful Organic Gardening PERENNIALS, 1993, Rodale Press, Emmaus, Pean.

Color Guide to AMERICAN GARDENING, 1972, Bounty Books, New York.

A Year of FLOWERS, 1989, Peter Loewer, Rodale Press, Emmaus, Penn.

Rodale FLOWER GARDEN PROBLEM SOLVER, 1990, Jeffand LizBall, Rodale Press, Emmaus, Penn.

The Year-Round FLOWER GARDENER, 1989, Anne Moyer Halpin, Summit Book, New York.

Wendy B. Murphy BED AND BORDERS, 1990, Houghto Milfflin Company, New York.

The Prentice Hall ENCYCLOPEDIA OF GARDEN FLOWERS, 1988, Anta Perieire, Prentice Hall Press, New York.

Successful FLOWER GARDENING, 1990, Ortho Books, San Roman, Ca.

Burpee Expert Gardener : Charles Cresson on the AMERICAN FLOWER GARDEN, 1993, Prentice Hall Gardening, New York.

The American Horticulture Society, FLOWER FINDER, 1992, Simon and Schuster, New York.

Simon & Schuster's Guide to GARDEN FLOWERS, 1983, Simon & Schuster, New York.

Patrick Taylor, THE 500 BEST GARDEN PLANTS, 1993, Timber Press, Portland, Oregon.

Alan Toogood, THE FLOWER GARDEN, 1987, Crescent Books, New York.

Alex Laurie and Victor H. Rics, FLORICULTURE, 1950, MaGrow-Hill Book Company, New York.

Stanley Schuler, BASIC BOOK OF FLOWERS, 1983, Simon and Schuster, New York.

John Brookes and Eenneth A. Beckett, THE GARDENER'S INDEX OF PLANTS & FLOWERS, 1987, DK, London.

FLOWERS BY COLOR, 1990, Mallard Press, New York.

HORTUS THIRD, 1976, Macmillan, New York.

Elvin Mcdonald, 2006, The 400 Best Garden Plants, Quantum Books, London.

Best Plants, 2006, Hamlyn, London.

The essential Flower Gardening encydlopedia, 2005, Fog City Press, San Francisco.

◈ 저자약력

1941년 경기 남양주생
서울시립대학교 원예학과 졸업
서울대학교 교육대학원 졸업
동국대학교 대학원 농학박사
해병중위 베트남전 소대장 참전
상지대학교 교수 역임
미국 버지니아 텍(VPI) 조경학과 초빙교수
동국대학교 학생처장, 자연과학대 학장,
동국대학교 경주캠퍼스 부총장 역임
현재, 동국대학교 조경학과 명예교수

저서 : 조경식재기술, 원예 · 조경 용어사전,
조경식물, 실내조경식물, 원예 · 조경식물의 학명,
허브정원, 야생화정원

조경식물 시리즈 ❷
조경화초

•

2001년 9월 15일 초판 발행
2008년 6월 30일 개정판 발행

•

지은이 / 최 상 범
발행인 / 강 해 작
발행처 / 기 문 당

•

주 소 / 서울시 성동구 공명길 39(하왕십리동 966-22)
전 화 / 02) 2295-6171(代)~5
팩 스 / 02) 2296-8188
출판등록 / 1976. 10. 7(1976-2)
홈페이지 / http://기문당
http://www.kimoondang.com
I S B N / 978-89-6225-062-6 93540

•

정 가 / 15,000원